成长也是一种美好

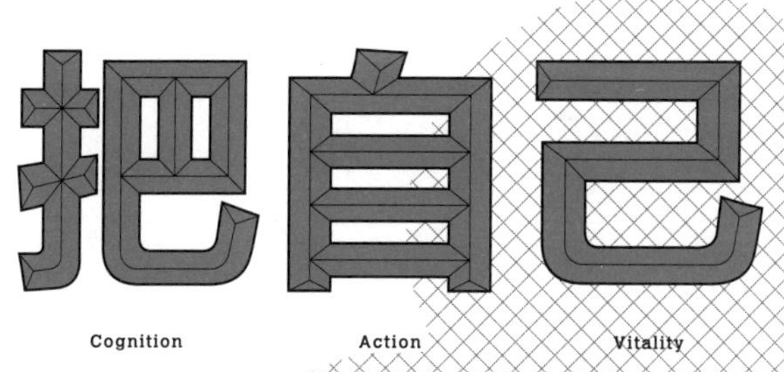

何思平 著

人民邮电出版社
北京

图书在版编目（CIP）数据

把自己变成稀缺资产 / 何思平著. -- 北京 : 人民邮电出版社, 2023.9
ISBN 978-7-115-62282-2

Ⅰ. ①把… Ⅱ. ①何… Ⅲ. ①成功心理—通俗读物
Ⅳ. ①B848.4-49

中国国家版本馆CIP数据核字(2023)第126573号

◆　著　何思平
责任编辑　林飞翔
责任印制　周昇亮
◆人民邮电出版社出版发行　　北京市丰台区成寿寺路 11 号
邮编 100164　电子邮件 315@ptpress.com.cn
网址 https://www.ptpress.com.cn
天津千鹤文化传播有限公司印刷
◆开本：720×960　1/16
印张：15.25　　2023 年 9 月第 1 版
字数：240 千字　　2024 年 7 月天津第 13 次印刷

定　价：69.80 元

读者服务热线：（010）67630125　印装质量热线：（010）81055316
反盗版热线：（010）81055315
广告经营许可证：京东市监广登字20170147号

献给路上的前行者。

推荐语

你唯一的资产便是你自己，提升认知、倍速前行、能量满满，是自我资产增值的三条快速道，打开这本书，进入快速道。

——著名传媒人、《冬吴相对论》《生命·觉者》出品人、“正安中医”“自在睡觉”创始人　梁冬

每个创业者应该如何清醒地认识自我；如何在前行路上，保持心力、提升自适力、完成进化、适应变化、持续精进、自我增值。思平把自身的实践和思考，淬炼到这本书里，我推荐你打开它，或许可以找到你想要的答案。

——创业导师、梅花创投创始合伙人　吴世春

把自己变成资产，如何让其变得稀缺，如何持续增值，思平以其自身的实践和思考给了我们一个答案。

——知名自媒体人、领导力专家、作家　萧大业

当代人的缺乏感像个无底黑洞，每个人都想在昨天就拥有

今天所需要的东西。因为缺乏所以盲目追求，因为缺乏所以迷失方向。感谢我的挚友思平老师，这本书是他多年创业思维的精华呈现。让我们从认知力、行动力、生命力三个方面，经营好自己，扎扎实实地打造人生殿堂。

——时间教练、《番茄工作法图解》译者、
“番茄能量”创始人　大胖

年轻人处于迷茫期时，常常找不到自己的方向和目标，也不知道要做什么，作者通过一种结构化的思维模式，即“认知 + 行动 + 生命力”来解决这一问题，帮助你更早地“滚雪球”，积累优势，建立自己的人生护城河。

——知名自媒体（warfalcon）创始人、
100 天行动发起人、时间管理专家　战隼

我们在传统的教育体系中，非常容易走向一个极端，那就是渐渐轻视自己。这种轻视，可能来自一直以来长辈要求的谦逊，也可能来自我们成年后的一次次失败与挫折，还可能来自我们忽视自己内心的一种惯性。当自我轻视变成惯性，就意味着我们做任何事情都会自我设限，为自己套上枷锁。这也是我在做个人成长发展内容的五年里，感受到的上万名学员们存在的最大认知误区之一。而思平的新书《把自己变成稀缺资产》启发我们重新思考，我们最应该关注的或许不是外部评价、别人的帮助，而是让自己这份稀缺资产持续升值。也希望读者在这本书里找到让自己持续升值的答案。

——知名教育博主、Kris 进化笔记主理人、
《引爆自律力》作者　Kris

自序

很高兴你翻开这本书，开启一段有趣的人生探索之旅。

为什么有些人月薪大致只有四五千元，而有些人能达到四五万元？可能就因为每个人的产出能力不一样。那些把自己的能力当作资产，善于经营优化的人，常常能获得他人十倍、百倍的产出。

把自己当作稀缺资产，持续自我增值，相信你我皆有无限可能。

我刚毕业到北京工作时，月薪仅有 2000 元，8 年后南下深圳，赚到了第一个 100 万元。之后我开始创业，公司经营两年后，实现从 0 到数亿元的营收。现在复盘，我发现唯有把自己当作稀缺资产，善于经营优化，才可能实现从 0 到 1，从 1 到 N，获得自己想要的人生状态。

不同的人生风景

我并不觉得自己有多厉害，我认为每个人都有无限可能。在近 20 年的职场和创业路上，我见过很多厉害的人物，如上市公司 CEO（首席执行官）、名校教授及“90 后”互联网创业者，也见过众多普通职场人。我对他们不同的人生之路充满好奇：为什么有的人能快速成长、生活越过越好，有的人一生辛劳、生活却难有起色。

我很想弄清楚，除了出身和所谓的运气，到底是什么因素在影响我们的人生。在新冠肺炎疫情爆发的几年里，我停了下来，一边在中欧国际工商学院读 EMBA（高级管理人员工商管理硕士）课程，一边梳理近 20 年的职场和创业心得。同时，我也走访了很多人，阅读了不少关于脑科学、认知科学和心理学的专著，试图对决定个人成长的因素作一些探究。

我通过走访发现，有的职场人真的很不容易，他们面对诸多现实压力：有限的收入既要用于交房租、还房贷，还要用于兼顾其他日常开支；他们工作忙碌，职业发展前景却十分渺茫；他们内心渴望安定自由，现实生活中却陷入迷茫焦虑，找不到出口。

与此同时，我发现那些能够快速成长的人，无一例外，都把自己的能力当作资产，并持续对其进行升级优化，以更好地适应时代。他们在不断迭代，不断增值，成就更好的自己。

人生像一场赛车闯关游戏，不同的玩家聚在同一个出发点，各自开着新车出发。有些玩家开着开着，导航失灵、车辆动力不足，便迷失了方向或陷入泥潭，在游戏某一关兜兜转转，却始终找不到闯关密码；有一些玩家却在行进中不断升级车辆，优化导航、增强动力，磨炼驾驶技术，最终闯关无数、一路领先。

此刻，你也许迫不及待地想问：有哪些核心能力（以下为了更好地说明，统一称为核心资产）可以被提升优化，我们又应如何优化，才能让自己走出泥潭，实现快速成长、持续增值？这正是我接下来要分享的内容。

核心资产是什么

明白什么是我们的核心资产很有必要。不少人容易本末倒置、混淆概念，只有明白什么是真正的核心资产，我们才能做到有的放矢。

你可能会说，财富就是核心资产！不对，其实它只是结果之一而已。

举个例子你就明白了。我们现在用的每一台智能手机中，都有一个应用商店。但你很可能不知道，不少应用商店（如华为手机应用商店）一年的广告收入早已突破 100 亿元，这甚至超过了湖南卫视一年的广告收入。我当年创业时，正是敏锐地抓住这一切入口，当时有些手机厂家有广告资源，但不知如何高效变现，于是我们代理了部分手机应用商店的广告资源，再把这些资源销售给有广告预算的 App。在很短的时间里，我们实现了从 0 到 1 亿元的营收。如果没有身处互联网行业，没有对移动互联网的深刻认知，没有对商业机会的敏锐感知，我们不太可能赚到“藏”在这里的钱。所以，财富、学识的增加，本质上代表了个体认知的累积。

可能你又会说，行动力是核心资产，但你只说对了一半。很多人都在努力行动，但有些人行动时犹如一辆深陷泥潭的车，任由车轮拼命转动挣扎也走不出泥潭。有些人却目标明确，他们想方设法创新，优化行动，不断产出新的价值和财富。**只有促进改变发生并得到结果的行动，才能构成真正的行动力**。

就像在电商领域，众多电商网站都在模仿和学习阿里巴巴和京东等电商巨头，企图超越它们，但几乎没有成功者。拼多多却另辟蹊径，创新地用社群拼团方式切入电商领域。短短几年，硬是在不可能中占据了电商领域的一席之地，实现快速增长，拿到了惊人的成绩。所以，真正的行动力是能够不断迭代、持续创新、得到结果的能力。

认知力、行动力是我们的两项核心资产。

另外，还有一项容易被忽略的核心资产——精力，我把它称为生命力。人们常把“知行合一”挂在嘴边，却鲜少提及精力。事实上，没有能量支撑，人们很难做到“知行合一”。

这就好比你有创业开公司的想法，也行动了起来，但你发现时间和精力经常不够用，自己经常分身乏术，疲惫不堪；发现自己身处低谷时，却找不到朋友倾诉；发现自己无法平衡好工作和家庭，顾此失彼……这就是没有生命力的工作和生活，你如油箱空空的车，难以前行。

生命力和人们的日常生活息息相关。它涉及精力和时间管理的优化，涉及如何与自己及他人相处，涉及如何寻找使命及平衡生活。做好这些方面，相信你更能获得源源不断的能量，精力充沛、快乐从容地面对职场和生活，成就自己的人生。

是的，认知力、行动力和生命力这三项能力就是我们的三项核心资产，也是我们人生财富大厦的三大基础。把自己当作稀缺资产，本质上就是磨砺并优化这三项能力，从而经营好这些核心资产，产出更多的人生价值和财富，构建更坚实的人生财富大厦（见图Ⅰ）。

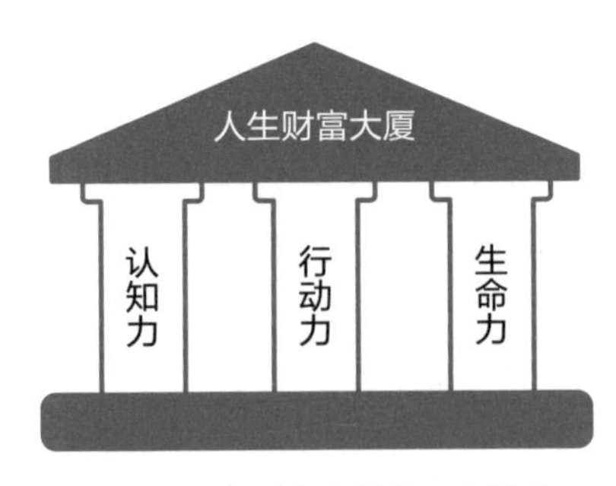

图Ⅰ　人生财富大厦的三大基础

那么，我们该如何优化这些核心资产呢？

这正是本书的核心内容。

认知击穿迷雾

认知力精炼成一句话，就是“抓住事物本质的能力”。提升认知力，就是提升快速抓住事物本质的能力。

生活中，我们往往容易被事物纷繁的表象所蒙蔽，只看到事物的某个局部，或选择了一个错误的视角，抑或只看到事物某刻的状态。这些情况都容易导致我们产生严重的认知偏差。由于我们未能抓住事物本质，掌握其运行规律，所以非常容易陷入迷茫和困惑，找不到解决问题的办法。在没有抓住事物本质前，所有的行动都可能是无效的。

我曾经负责公司的商务部，有 A、B 两个商务人员，A 去和客户谈判时，虽然总是为公司利益着想，却几乎次次铩羽而归；而 B 去和客户谈判时，却常常能把单子轻松谈下来。有一次我问 B：“为什么 A 做不到的你却能轻松做到呢？”B 微笑着跟我说：“谈判不是只想着自己的利益，而是要站在全局角度思考双方的利益。谈判成功的秘诀其实很简单，**就是找到双方的交集**。”B 正因为洞察了商务谈判的本质（找交集），才屡屡成功。

这恰恰印证了电影《教父》中的一句经典台词：“花一秒钟就能看透事物本质的人，和花一辈子都看不清本质的人，注定是截然不同的命运。”

这只是认知力的一个小小案例。针对提升认知力，抓住事物本质，本书还有很多相关内容。例如，我们到底被什么蒙蔽了，为什么抓不住，以及应该如何抓住，等等。在认知力篇中，你不仅能了解困惑的根源，还将收获一系列帮助你提升认知力的工具。当你认真阅读、穿过认知区域后，你将更新认知系统，重新审视遇到的事物，准确抓住事物的本质，也将更清醒、更从容地面对这个世界。

行动带来改变

你的认知力得到了提升，就像汽车更新了一套先进的软件系统，但这套软件系统并不能载你在通往目的地的道路上前进，这时就需要行动力出场了。**行动力不是指单一的动作，而是指一系列动作，它主要围绕去哪儿、怎么去、如何到达展开。**具体包括人们如何更好地定目标，如何尝试，如何在行进中保持专注，如何灵活应对变化，如何保持耐心及如何复盘等一系列动作。这一系列动作都是为了让你加速前行，更高效地实现目标。

这里以我的一段经历为例，简要说明如何更好地定目标。

2013 年年底，我在日记本上写下豪言壮语：明年，我一定要赚到 100 万元！对一个普通职场人来说，一年就想赚到 100 万元像一个白日梦。但设定目标为何不能大胆一些呢？目标中本来就包含对未来趋势的预测和猜想，谁又能保证目标的精准度与合理性呢？就如 1980 年，当美国家用电脑还没太普及时，比尔·盖茨（Bill Gates）便大胆想象每个家庭都会有一台电脑；又如埃隆·马斯克（Elon Musk）想象人类有一天可以移民火星，你怎么知道他不能成功呢？我认为，如果当初想都没想过一年赚到 100 万元的事情，我大概率也很难赚到这么多钱。所以优化目标的第一个核心要素就是大胆想象。但如果设定目标时仅有大胆的想象，这个目标也只是想象而已。想象仅仅是自己描绘的一个蓝图，蓝图的实现依靠的是清晰的路径，所以更好地定目标的第二个核心要素就是要有清晰的路径（战略）。

画完“百万”蓝图后，我认真思考了行动路径。当时移动互联网正迅速崛起，我有个简单的预测：会有大量资本涌入 App 赛道，他们将有大量的推广下载需求。只要能帮他们有效解决推广需求，赚到百万元是完全有可能的。于是我抓住机会，立刻行动，快速整合手头积累的推广资源，对自己微信中的好友进行梳理与分组：谁有推广资源，谁有推广需求，然后再逐个联系，整合供需，为他们“牵线”。不到一年的时间，我就实现了赚到 100 万元的目标。

现在你知道了，“更好地定目标 = 大胆想象 + 清晰的路径”。这仅是行动力篇一系列动作中的一个案例。翻开本书，掌握这些知识，你将快速前行，更轻松地实现目标。

有精力，才有好状态

倘若你已经具备了很强的认知力和行动力，没有好的精力、满满的生命力，那也是远远不够的。**提升生命力就是为自己加油，以一个能量满满的状态，迎接鲜活的每一天。**

生命力与日常生活紧密相关。时代在进步，越来越多的人觉得时间精力不够用，时刻处于高度紧张的状态。到底是什么让我们变成了这样？我们该如何调整自己的精气神，又从哪里获得能量？生命力篇会帮我们解决这些问题。

你知道是谁“偷走”了我们的精力吗？如何才能让自己活力满满呢？

大家都清楚，精力的基础是体能，个体的精力不足往往是由于体能不够，体能不够的直接原因，就是没有吃好、睡好、运动好，这个道理大家一说都懂。但人们往往容易忽略体能之外的两个偷走精力的要素！

为了方便理解，这里作个比喻。如果人体是一台智能手机，那体能就是电池，工作就像这台手机上的App。你工作得越多，打开的App就越多，耗电就越快，这也很好理解。但还有一个隐形的耗电原因，就是在后台自启动的App。手机即使处于待机状态，也还在不断耗电。这些自启动的App，就是你为某些事产生的杂念。另外，当你在从事自己不喜欢的工作时，耗电也比较快。两个人在做同样的工作，喜欢该工作的人不仅耗电量小，工作时反而会觉得自己在充电，充满干劲。

当懂得了“耗电”原因，我们就能很清楚地知道：**精力充沛＝好体能（电量高）＋减少精神内耗（节能）＋从事热爱的工作（充电）**。

大胖老师是畅销书《番茄工作法图解》的中文译者，也是我的演讲导师。他患有脊髓灰质炎后遗症，从小只能依靠轮椅行动。但凭借顽强的意志，他自学了计算机程序开发、英语、演讲、时间管理课程，并且在这些领域颇有建树。他日常事情也很多，但我每次见到他，都会发现他的精神状态很好，沟通时也能很好地理解我的感受。我问大胖老师是如何做到的，他悠然地对我说：“生活和工作要松弛有度，我用番茄工作法工作（工作25分钟＋5分钟休息），几乎没有什么杂念（没有精神内耗）。我热爱自己所做的事情，珍惜和每个人在一起的时间，这些都能给我带来源源不断的精神能量。”

大胖老师之所以拥有良好的精神状态，正是因为他懂得如何减少精神内耗，同时懂得在热爱中自我充电。

当你翻开生命力篇时，你不仅会知道什么是能量，还能知晓造成我们时间不够用、能量不足的一些原因。同时你还会发现，精神内耗可以被剔除，情绪可以得到安抚、能量可以恢复。关于如何保持平衡，如何找到使命，相信你也会有不一样的理解和收获。

以上内容既可以帮助你粗略了解如何提升认知力、行动力和生命力，也是对本书核心内容的概括。你无须担心自己能否真正提升这三项能力，因为人的大脑具备可塑性，只要掌握了科学的方法，刻意练习，每个人都有机会活成自己想要的样子。

升级车辆，快乐前行

还记得前面提到的赛车闯关游戏吗？提升认知力就是升级我们在游戏中所用车辆的软件系统，引领我们不断穿越迷雾，快速抓住事物本质，同时不迷失方向；行动力就如操控系统，使我们在行进途中，坚定目标方向，保持专注，确保安全，懂得如何抓住机会，倍速成长，获取更多的增长和价值；生命力则更像汽车的能源供给和保养系统，我们应适时保养，为自己加油，以一个能量满满的状态，拥抱不确定的人生探索之路。

在阅读本书时，你完全可以把阅读过程当作一场有趣的探险游戏。书中设有“认知力”“行动力”“生命力”三大区域，你可以从任何一个区域进入游戏，每个区域中有六道关卡，每道关卡都藏了很多实用小工具，如果你能成功找到这些工具，顺利闯关，相信一定会有意外的惊喜。

能助力你用认知击穿迷雾、用行动实现目标，能量满满地面对生命中的每一天，对我来说都是莫大的欣慰，这也正是我写本书的初衷。

话不多说，让我们开启一场有趣的探险之旅吧。

何思平

2023 年 7 月于鹏城素房

目 录

认知力篇
认知觉醒

第一章　破局：迷茫恰恰是翻盘的机会　/ 003

第二章　大脑：“化敌为友”，百战百胜　/ 013

第三章　本质：找到认知“匕首”　/ 025

第四章　储备：构建“冰山”，打造你的 ChatGPT　/ 035

第五章　心智：你的选择，决定你的模样　/ 051

第六章　系统：做增量才有未来　/ 063

行动力篇
倍速前行

第七章　目标：大胆想象的谨慎游戏　/ 077

第八章　尝试：失败很苦，没尝试会更苦　/ 087

第九章　专注：一年抵十年的核心密码　/ 097

第十章　弹性：没有成功，因为你不懂放松　/ 109

第十一章　耐心：好风景，往往在后面　/ 121

第十二章　复盘：照见自己，才能迭代自己　/ 131

生命力篇
能量满满

第十三章　精力：满满能量哪里来　/ 147
第十四章　时间：用好这把利器　/ 157
第十五章　真诚：再不诚实就来不及了　/ 169
第十六章　共情：不仅仅是爱你　/ 179
第十七章　平衡：做个快乐的魔术师　/ 189
第十八章　始终：成为自己梦想的实现者　/ 205

后记　终点即起点　/ 215
参考文献　/ 219

认 知 力 篇

认 知 觉 醒

提高认知力，

能够帮助我们穿越迷雾，

找到方向，

清醒起航！

第一章

破局：迷茫恰恰是翻盘的机会

我们的探险游戏，从车子陷入困局开始，我们在迷雾中失去了方向，前面有许多路口，不知如何选择。此刻，我们不用急着开车，盲目前行，而是应该先熄火停车，复盘为何迷路。同时，检查一下车辆状态，找到迷路的原因，确定好前进方向，再重新启程，清醒出发。

每个人都会经历迷茫，没有人生而清醒。当我们身陷迷茫时，有时缺少一双慧眼，带我们穿透迷雾，破局前行。

谁的人生不迷茫

今年春节后的一天，一位多年未见的朋友，突然在微信上问我："思平，我工作都快20年了，最近有几个朋友想拉我出来创业。我担心创业风险太大，但我现在的工作的发展空间十分有限。你待过职场也创过业，你觉得我该怎么办啊？"这是一个年近40岁的职场人的困惑。

其实我和他一样，同样经历了很多迷茫时刻。

2008 年突然失业，我迷茫过；转行到互联网行业工作 8 年后，是继续这份工作还是出来创业，我迷茫过；创业后遭遇沉重打击时，是坚持还是退出，我迷茫过；甚至一度有严重的口吃，恐于社交，这也让我迷茫。这些迷茫状态曾困扰着我，让我身陷其中却难以抉择。

我们为何会迷茫，我们到底被什么困住了，只有找到问题的根本原因，才有破局之道。

我们为何会迷茫

为何迷茫？其实并没有我们想象的那么复杂，只因入局者迷。当我们走过、经历过、反思过，我们会发现，迷茫的原因其实很简单，概括起来就三个词：不懂、不动、不敢。

第一个词：不懂。

“23 × 57= ？”在碰到这道计算题时，我们不会觉得迷茫，简单一运算，就能知晓答案了，有什么可迷茫的。如果将这道简单的计算题，给一个 3 岁的孩子，他会觉得很迷茫，原因很简单，他没学过乘法运算，面对这道题自然觉得迷茫。

我那位想创业的朋友没有创业经历，对创业这种事情不懂，所以深感迷茫；我失业时迷茫是因为之前没有失业过，不知道如何应对，所以当时也很迷茫。

对于不懂、没经历过、没有思考过的事情，大脑神经元无法产生连接，建立回路，因此不会在我们的头脑里形成认知，没有认知就不知道如何判断和行动，于是我们就会迷茫。有一个故事是这样的：1492 年哥伦布首次登陆美洲大陆，当地的印第安人竟然看不到近在咫尺的大帆船，说哥伦布这群探险者是从“云端掉下来的”。且不论故事真假，如果当时的印第安人从没见过帆船，是有可能对其视而不见的。

对于不懂之事，若我们不学习、不反思，只是胡乱操作，就可能遇到危险。比如我之前完全不懂股票，只是道听途说跟风买了某些股票，完全不懂上市公司的基本经营情况，也不懂财务报表，这时其实就只是凭运气了。爱情也一样，如果你完全不懂对方的心思、不懂对方的需求，就会在恋爱中迷茫，不知如何与对方相处。如若真懂对方，你就知道该说什么话，送什么礼物，如何获得对方的好感。

第二个词：不动。

不动就是不主动、不行动。

当我们不动时，迷茫还在，它不会自动消失。就如我那位想创业的朋友，他只是听说如果创业成功了，那就有机会赚很多钱；如果创业失败，不但稳定的工作没了，还可能导致亏损。我给他的建议是：可以在把主业做好的同时，先尝试做一些小规模的副业。我在创业之前，就经历过这样一个过渡期。如果能持续获得正反馈，则我会放弃主业，把副业转为主业。有些事情只靠想是想不出答案的，就如“23 × 57= ？”，如果你不去运算，就不会有结果。有些迷茫通过行动可以被破除。

在不动之时，如果缺乏定力，我们将很容易被周围环境影响和裹挟，产生更大的迷茫。尤其是在社交网络、自媒体极为发达的当下，不同的生活方式、价值观在短视频平台、朋友圈中频繁呈现，不少内容还是为你“量身”推送的，它们暂时满足了你“即时享受”的需求，但你看完之后还是会空虚和迷茫。当我们缺乏主动思考时，这些被动获取、杂乱、他人的价值观，反而会影响我们对客观事物的准确判断，让我们无所适从，给我们带来更多的迷茫。

不动者易陷入被动，变得迷茫。不主动就容易被环境影响，不行动就不会有结果；越没有结果就越容易缺乏主见，最终逐渐沦为他人观点的消费者，而不是自己生活的主导者。而我们每个人心里还是渴望认清自我、清醒前行的。

第三个词：不敢。

不敢是指你对当下和未来的担忧和恐惧，是过去经验在未来某一时刻的投影，是对确定性的执着。不敢正视迷茫的结果是，迷茫也许一点不会减少，反而会增多。

我曾有非常严重的口吃，一说话就遭人嘲笑，尤其是在公众场合，我总担心被他人嘲笑，而不敢表达。这不但没能改掉我口吃的毛病，反而增加了我对社交表达的恐惧和迷茫。

不敢的一个重要原因往往是受到了固有反应模式，也就是习惯的控制。我不敢表达是受到了“一表达就会口吃，就会被别人嘲笑”这一固有反应模式的控制。一旦我要表达时，此模式会瞬间启动：“别人又要嘲笑我了！”我变得越来越沉默寡言，从而再次强化了这种固有反应模式，形成了更强大的路径依赖。

不懂和不动也可能导致不敢。当我们不懂“大脑习惯具备可塑性”时，不去刻意练习表达时，也会愈加缺乏自信，把自己困在一个狭窄封闭的茧房之中，如图 1-1 所示。

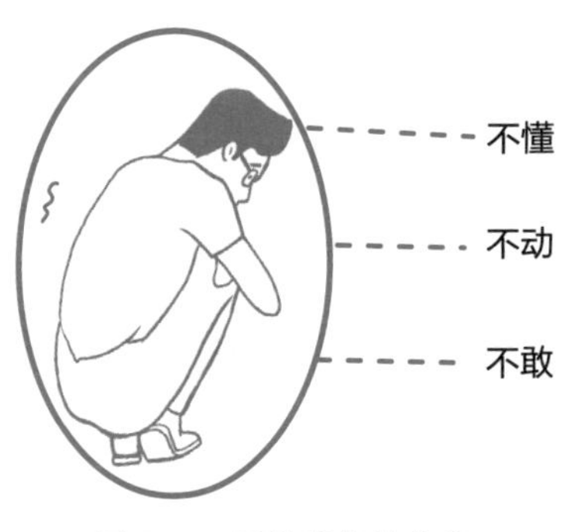

图 1-1　困住我们的茧房

当我们对事物没有深刻的认知，受制于固有反应模式，又缺乏行动的能量和勇气时，我们就迷茫了，被困住了。

翻盘的良机

深陷困局，处于低谷时，能够静下心来彻底反思，是我们洗心革面，实现翻盘的良机。迷茫孕育着机会，迷茫是为了我们更好地纵身一跃。

在失业的迷茫中，我平静了下来，重新思考了自己的职业发展规划，最终决定进入互联网行业，这才有了我后来的创业机会。创业后我遭遇过重大打击（最大的客户离开），我在复盘后重新调整了方向，找到了新的业务方向，最终当年的业绩不仅没有下滑，反而翻了一番。严重的口吃，让我更愿意静下来聆听别人，也让我更坚定了练好表达的信念。

古语云：物极必反。每个人生低谷都孕育着机会，每次迷茫都恰恰是我们翻盘的良机。从混乱（迷茫）走向有序，也是生命的核心动因之一。

生命以负熵存在

电脑桌面几天不整理，你会发现它已面目全非；衣柜数月不清理，则会乱成一团。所有事物似乎都在趋于混乱，这正是物理学上著名的熵增原理，即一个孤立系统，总是趋于混乱和无序状态（即熵增）。

我们的情绪、状态也是如此，它们会趋于混乱和迷茫状态。著名物理学家薛定谔在《生命是什么》一书中指出，生命以“负熵”为生。我们可以将这句话简单理解为：**人活着就是一个不断穿越迷茫，减少混乱，重建秩序的过程**。

至于如何穿越迷茫、减少混乱、重建秩序，薛定谔没有给出具体答案。在本章，我将用亲身经历及大量访谈、阅读和思考，为你提供一些穿越迷茫、减少混乱、重建秩序的方法。

穿越迷茫、减少混乱、重建秩序

现在我们知道了，迷茫并不可怕，每个人都会遭遇迷茫，人非生而清醒。造成迷茫的原因，是不懂、不动和不敢。好消息是，**每次迷茫，都孕育着翻盘的机会**。我们知道生命的核心动因就是要不断穿越迷茫，减少混乱，重建秩序。那又该如何重建秩序，寻找翻盘的机会呢？以下 3 点，是我从众多优秀人物身上学到的方法，也是帮助我穿越了一段段迷茫期的“法宝”。

停车反思，升级认知

我们的人生就如一场探险旅行，有的时候我们一路坦途，开车不费劲，也无须太多思考，甚至驾驶技术差一点也不会有太大影响。但是当遇到有迷雾的岔路口，或是车子陷入泥潭无法自拔时，我们不应盲目前行，而应该停下来，查清原因，认真反思：到底是导航失灵了，还是操作技术的问题？同时，我们还应该保持开放态度，询问那些经历无数险阻、有经验的司机，向他们请教经验。每次迷茫，停下来、静下来后的反省学习，都有助于我们更好地前行。

上文讲到了我那位想创业的朋友，他也迷茫、纠结了一段时间。当他静下来，审慎思考了一段时间后，他发现自己并不适合创业：一是因为孩子还小，他希望多点时间陪伴家人；二是他需要稳定的工资来养家；三是因为创业的项目是他没有接触过的，需要投入时间成本，风险较大。在这个时候，他了解到他所在的公司正在孵化一个新的创业项目，可以用到他之前10多年累积的经验，而且公司还提供资金支持，于是他果断加入了该项目。

其实，很多时候我们迷茫是因为没想清楚，想清楚了就不迷茫了。想清楚的过程，就是不断迭代升级认知的过程。当然，在这个过程中以开放的态度，向更多有经验的人请教也是极为重要的。

用行动击败迷茫

有些迷茫，单靠想象是走不出去的。只有靠主动、行动才能击败它。

小时候，我对别人能快速复原魔方感到惊奇，尝试一番后，觉得自己很难复原一个魔方。魔方于我，可能是一个永远的谜。有一天，我看到一个教学视频，于是花了差不多半天时间，从第一块到第一层、到第二层、到第三层，一步步，慢慢照着视频的步骤操作，竟然复原了一个完整魔方。

滑板也一样，我之前觉得那些炫酷的滑板只属于年轻人，我是不可能学会怎么玩的，因为那时我都已经 40 岁了。在学会拼魔方后，我买了一个陆地冲浪板，并练习了起来。经过一段时间的练习，我竟然可以滑行漂移起来了，感觉还是很棒的。

事实上，任何技巧性的事情，只要稍加用心学习实践，皆可能做好，甚至那些看似不可能的事情也同样如此！行动起来，有些迷茫就消散了，而且还能给生命带来美好的体验，就像复原魔方，就像滑滑板。

看到恐惧，正视它、击败它

很多年前，我的口吃十分严重，导致我在表达上极度迷茫和自卑。后来在中欧国际工商学院就读时，我很想尝试班委竞选，但每个竞选人都要做 3 分钟竞选演讲的要求难住了我。参加竞选演讲的同学们个个讲得条理清晰、抑扬顿挫、声情并茂。轮到我时，我一上台就结结巴巴、紧张到忘词，那一刻我羞愧难当，真想找个地缝钻进去。也是在那一刻，我暗下决心，一定要提高自己的表达能力。

那次失败的演讲给了我一个重要的启示（礼物），令我在认知上产生了一个重大突破：是不敢表达限制了自己的表达，是过于在乎他人的评价让自己不敢表达，是缺乏刻意练习让口吃毫无改善。我坚信，我只要敢于表达、不过于在乎他人的评价，通过刻意练习，一定可以改掉口吃，提高自己的表达能力。

为了克服口吃，我开始系统地学习表达：从发音、语气、语调到手势、节奏和内容。我参加了一个演讲俱乐部，积极上台发言，不再惧怕他人的目光和评价。我把一篇演讲稿改了一遍又一遍，然后自己对着镜子练习数十遍，把演讲录音，听听哪些地方卡住了，为什么会卡住（紧张和激动是重要原因），然后逐步完善演讲。

短视频和直播兴起后，我又尝试利用这些新媒体锻炼自己的表达能力，一条一分钟的视频，我拍了数十次，忙碌了整整一个晚上，才将它发到网上，结果竟然获得了过万的观看量和数百个点赞。这件事情完全出乎我的意料。这个正反馈又不断推动我更努力地锻炼表达能力。后来，我参加了一个演讲比赛，还在比赛中获得了冠军。

谁又能想到，这个曾经那么恐惧表达的人、这个极度内向的口吃者，只用了一年的时间，竟然发生了如此大的变化。现在，我对自己的表达能力越来越自信了。“不敢”是一种心理限制，只要你正视恐惧，勇敢挑战，就会击败它，进而从迷茫逐步走向有序，实现自我突破。

现在你懂得了，迷茫并不可怕，其中往往还蕴含着机会。只要你愿意停下来反思，改变对事物的已有认知，打破内心的恐惧，有勇气行动，你总会从无序和混乱中走出来，穿越迷茫和低谷，把人生的“负资产”转变成“正资产”，实现翻盘！

第二章

大脑："化敌为友"，百战百胜[①]

不少年轻人的通病是想太多，却不知道如何行动起来，不知道如何更好地使用自己，难免陷入迷茫和焦虑。

迷茫和焦虑侵占了只占我们体重约 2% 的大脑，今天我们就走进大脑，认识一下这位"熟悉的陌生人"。看看它是如何控制我们的，看看我们的习惯是如何养成的，那些纠结、烦恼、焦虑是如何生发的，又是如何在大脑中纠缠、撕扯的，以及我们应该如何协调它们。认识大脑，是提升认知力、走出迷茫、增值自我的重要前提。

大脑的进阶：三位一体

在很饿的时候，我们常常会说一句"饿得头昏脑涨"，很有可能，你的大脑真的饿了。虽然成年人大脑的平均质量仅为 1.4 ~ 1.5 千克，只占体重的约 2%（以成年男子为例），却消耗掉了我们超过 20% 的人体基础代谢能量，"食欲"非常强大。到

① 本章所述脑科学、认知心理学、生物学相关专业知识均来自相关领域参考书，详见参考文献部分。——编者注

底是大脑中的什么“吃掉”了能量呢?

“吃掉”能量的，主要是构成大脑的约860亿个神经细胞（也称神经元），以及它们之间不间断的连接行为。这些连接构成了我们的思维、情绪、想象，等等。而人类祖先的大脑情况远非如此，它们和其他动物的大脑并没有什么明显的差异，其质量和神经元数量也远远低于如今的人类。这期间到底发生了什么呢，让我们来看看大脑的进化过程。

只关注生存的“本能脑”

4亿多年前，人类远古祖先的祖先是刚从水里爬上岸的某些爬行动物（多鳍鱼），它们身上还有鳞片。为了生存，它们的大脑进化出最简单的脑干，即本能脑。本能脑只有一些最简单、最初级的功能：控制呼吸、心跳和新陈代谢，在遇到危险时选择对抗或逃跑。这些爬行动物有些进化成了今天的蜥蜴、鳄鱼。以蜥蜴为例，巨大的声响会刺激它们的本能脑，它们将本能地闪躲。这些爬行动物大多不关心它们后代的生死，任其自生自灭。因为它们没有情绪，也毫无情感，更不用说理智了。

情感丰富的“情绪脑”

2亿多年前，经过漫长的进化，哺乳动物出现了。在它们本能脑（脑干）的外部渐渐发育出一套能够负责情感、情绪的边缘系统，我们将其叫作情绪脑。有了情绪脑之后，它们的世界变得完全不一样了：它们开始通过声音、表情、动作等辨别他者情绪。快乐的情绪增进了它们之间的亲密程度，亢奋的情绪让它们专注捕猎，恐惧情绪让它们远离危险，共情让它们愿意保护老弱、更好地社交。情绪脑进一步进化出了感受和调节情绪的杏仁核及负责记忆的海马体，因此哺乳动物的大脑比爬行动物的大脑高级多了。BBC 有部纪录片《王朝》，记录了猩猩和老虎这些有情有义、有爱有恨的哺乳动物。它们追求配偶时的勇猛无畏，失去领地后的黯然神伤，保护子女时的奋不顾身，闲暇嬉戏时的快乐幸福，这些将情绪脑的作用体现得淋漓尽致。

综上可见，**本能脑和情绪脑存在的核心功能只有一个：生存**。它们会使生物趋利避害，好逸恶劳，遇到危险就躲开，饿了就寻找食物，没事做时表现得无所事事；也使生物目光短浅，经不起诱惑，喜欢及时行乐，**它们所做的一切无非是满足短期欲望和生存**。本能脑和情绪脑的反应在日常生活中随处可见，例如人在看到飞驰而来的汽车时会快速闪躲；在饥饿时碰到诱人的美食，就有控制不住想进食的冲动……这些都是本能脑和情绪脑在起作用，是潜意识的反应。

深谋远虑的“理智脑”

在人类大脑进阶史上，250 万年前是一个非常重要的转折点。南方古猿的脑容量从 500 毫升开始快速增长，10 万年前智人的平均脑容量已增至 1400 毫升，情绪脑边缘系统外面又进化出一层新皮质，它分布在大脑半球皮质的上方，我们把这一层叫理智脑。它控制着人们的思考、分析、逻辑、想象创造及调整情绪反应等功能。尽管新皮质进化得最晚，但有了它之后，人类祖先才有了“自我意识”，才能自我观察和自我反思，**他们学会了创造和使用工具，并且开始运用意识进行理性思考，开始构建属于人类自身的价值和意义**。

三位一体的“人类大脑”解析图如图 2-1 所示。

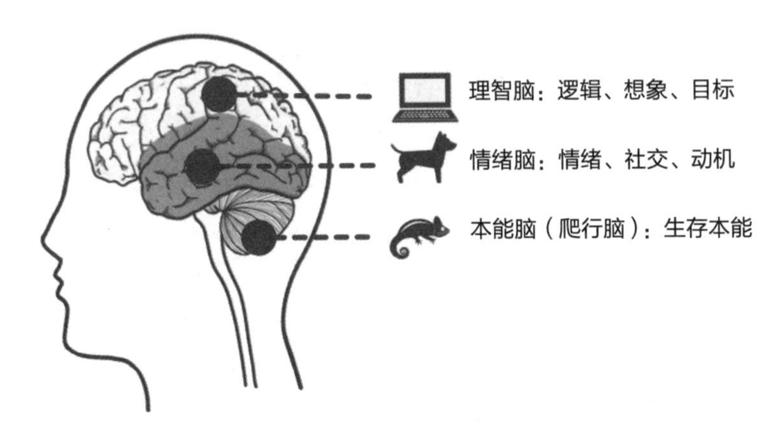

图 2-1　三位一体的“人类大脑”

从本能脑、情绪脑进化到理智脑，其实只要记住简单的两点即可。进化了上亿年的本能脑、情绪脑的目的为求生存：使人趋利避害、急于求成、及时行乐。进化了百万年的理智脑开始求发展：使人乐于掌控思维、思考、创造，注重长远利益和价值。

诺贝尔经济学奖获得者丹尼尔·卡尼曼（Daniel Kahneman）把本能脑和情绪脑称为系统 1，把理智脑称为系统 2；斯坦福大学心理学家凯利·麦格尼格尔（Kelly McGonigal）把本能脑和情绪脑称为本能系统和冲动系统，把理智脑称为自控系统；纽约大学心理学教授盖瑞·马库斯（Gary Marcus）在《怪诞脑科学》中把它们称为祖传系统和慎思系统。这些称呼其实并不重要，只要记住：**人类有“趋利避害、急于求成”的本能脑和情绪脑，还有“思虑缜密、目光长远”的理智脑**就可以了。

在经历了上亿年的漫长进化后，如今人类的大脑已是三脑一体了。本能脑在人类婴儿期就已发育成熟，情绪脑在青少年时期基本发育成熟，而理智脑一般要等到人类 25 岁左右才能完全发育成熟。青少年做事容易冲动，是因为他们的理智脑还未发育成熟，他们很容易被情绪脑左右。你回忆一下自己青少年时期是不是这样，做事很容易就带情绪、容易发脾气，甚至偶尔与他人发生肢体冲突，这其实都是本能脑和情绪脑在起作用。

"大毛怪"和"小智人"

原始的本能脑和情绪脑，就像一个与生俱来的"大毛怪"。它拥有原始的生存本能和欲望，充满力量又如饥似渴，看到利益会争抢，遇到危险会躲避，经不起诱惑，又喜怒无常。它的手段和目的都十分简单：趋利避害、急于求成，要生存，也要快乐！

理智脑则更像一个"小智人"。相较于"大毛怪"，尽管它的进化时间不算长，但它极为聪明和理智，它会思考、能运算、懂逻辑。碰到复杂情况，它能深入地理性分析，关注长远发展。为了达成目标，它会动用意志力和耐心，并不断追寻人生的价值和意义。尽管聪明又理性，但它的相对进化时间较短，在"大毛怪"面前常常显得力量不足。

藏在我们身体里的"大毛怪"和"小智人"，几乎每天都要进行若干场战斗，只是我们毫不知情罢了。

没有硝烟的战场

这颗看似平静无奇的大脑，内部却好似一个战场，每天都发生无数场没有硝烟的战斗，战斗双方正是欲望十足的"大毛怪"和聪明、理性的"小智人"。

前面我们看了“大毛怪”和“小智人”的漫长进化史。现在，让我们走进大脑内部，看看它们在人类体内又是如何生长的。

婴儿一出生，大脑就有数量和成年人一样多的860亿个神经元，只是它们暂时还未连接建立神经回路。此时的大脑就好似一家新成立的公司，已经招聘了860亿名员工，只是他们相互之间都不认识，也没建立合作及竞争关系。

随着婴儿出生时的一声哭喊，大脑神经元之间开始紧锣密鼓地连接起来，建立了神经回路，人们开始逐渐形成对事物的认知和反应。例如，孩子在过2岁生日时，手指不小心碰到了蜡烛的火焰，他“哇”地一声叫了起来并赶紧把手指缩回去，此刻他大脑中的一组神经元就会立即建立神经回路：“火是危险的，记得要远离它”，并将其储存在大脑记忆库海马体中。当孩子下次再遇到火苗时，视觉神经元就会把信号传导给海马体，海马体搜索到储存的这个信号后再把它传递给身体的神经元，提醒身体各部分要远离火苗。再比如，孩子在学习了加减乘除运算规则后，同样也能建立一些神经回路。就这样，随着孩子逐渐成长，他的大脑中不断建立起千万组不同的神经回路，使他得到表扬时会高兴，遭到批评时容易沮丧，遇到困难时会想解决方案，等等。

大脑和神经元遵循“用进废退”的原则。神经元连接被用得越多，就越稳固和强大，于是我们就形成了经验和习惯，或叫作反应模式。这些反应模式占用了大脑约80%的神经元，运算速率极快，能达到1100万亿次/秒。

这些反应模式大部分存储在我们的本能脑和情绪脑中，它们也是“大毛怪”的反应模式。“大毛怪”在遇到类似情况时就会瞬间反应，如遇到火就会本能地躲开，碰到开心的事大笑，不满足时会愤怒，得到表扬时高兴，遭遇失恋时悲伤，等等。比如我的驾龄已经十几年了，每天都在同样的路开车上下班，我已经知道哪里要拐弯，哪里有红绿灯，红绿灯要等多少秒……所以我开车上班时，转弯、刹车似乎毫不费力，这在本质上是我身体里的"大毛怪"帮我行云流水般完成了一整套动作，但我自己似乎没有多大感觉，这也是身体自身的一种节能方式。

而另外一些相对复杂的反应模式，约占大脑神经元的20%，被交给了"小智人"。例如，碰到一些复杂的运算问题或重大的人生选择时，你无法立即做出判断和选择，需要仔细分析、比较选择和审慎决策；又如，你要整理一份完整的年度财务报表，或者考虑是否要在某个地方购买一套房子，这时"小智人"才会出现，进行分析、计算、判断和选择。"小智人"运行速率很慢，仅为40次/秒，也非常消耗能量。人体为节省耗能，一般较少启动它。

在日常生活中，"大毛怪"无意识的经验足够应付大部分的决策。但在面临复杂问题时，它可能失效甚至适得其反。

比如，在学生时代，我曾经以为只要有个好成绩就可以了。当时我有社交恐惧症，也以为社交能力并不重要，当带着这条"经验"进入社会后，我却发现，如果在工作中一味地我行我素，只会干活，而不会换位思考、不重视社交，我将很难得到提升，升职加薪特别容易受阻，并且没有朋友的工作也很乏味，于是这条"社交能力不重要"的经验就需要重新调整。这算是显性的经验了，"大毛怪"身上还有不少我们没有意识到的反应模式，可能仍在深深束缚和制约着我们，它们也是导致我们迷茫和困惑的重要原因。

能量满满的"大毛怪"是一个强大的存在，"小智人"想完全控制"大毛怪"其实非常困难。在二者战斗的过程中，往往是"大毛怪"占据上风，而"小智人"则常常被"大毛怪"打败，如图2-2所示。这样的例子在我们的日常生活中比比皆是。

图 2-2 “大毛怪”和“小智人”的战斗

令人上瘾的手机：在信息革命，尤其是智能手机出现后，海量信息（如短视频）唾手可得，大数据算法更是助长了短视频“投喂”的精准度，让你欲罢不能，手机每天对你进行着饱和“攻击”。对偏好即时满足的“大毛怪”来说，它哪里经得起这样的诱惑，早就缴械投降了，年轻、反应缓慢的“小智人”又怎么能管得住呢。这就是人们玩游戏易上瘾，看短视频停不下来的原因。尽管为未来着想的“小智人”说：“别玩了，明天还要上班呢！”但是它的声音太弱小了，强大的“大毛怪”往往充耳不闻：“太好玩了，别管我，我要再玩会儿！”

落空的新年愿望（Flag）：自控力、意志力、自律等皆属“小智人”掌控的范畴。由于它们力量弱小，运行又消耗极多能量，在被派去监督“大毛怪”的过程中，“小智人”起初还能凭有限的“意志力”“自律”支撑住，但过不了多久就撑不住了。强大的“大毛怪”说：“这太累了，我要休息了。”这就是为什么我们仅靠意志力跑步，坚持不到一周就容易放弃；年初“小智人”信誓旦旦立下的新年愿望，年底能真正兑现的也往往寥寥无几。

浮躁的股民：我们再从股市来看看“大毛怪”和“小智人”的博弈。股民入市是为了获得投资回报。目光短浅的投机者像“大毛怪”一样，关注的是短期利益，他们趋利避害，时刻盯着K线图，一天的心情随股价震荡而震荡。而价值投资者则像“小智人”一样，会分析思考行业前景、政策导向、公司实力等，关注其相对长远的投资价值，当企业价值大大超出买入价格时，他们在买入后通常不会随意操作，他们也不会太在乎股价的短期波动。长期价值坚持者获取的利益往往要大于普通股民，而仅凭情绪入市的普通股民往往苦不堪言。其中一个重要原因就是，对于后者来说，理性在这场博弈中没有发挥足够的作用，这些股民被情绪的“大毛怪”左右了。

以上例子无非都是在说一件事：在个人的博弈中，我们的理性往往被情绪击垮了，我们往往被代表了本能和情绪的“大毛怪”操控，理性的“小智人”则被晾在一边。怪不得英国哲学家大卫·休谟（David Hume）说：“理性只是情感的奴隶！”

“大毛怪”和“小智人”就只能这样无休止地战斗下去吗？当然不是了。

联合制胜，所向披靡

人类之所以能从哺乳动物中异军突起，站在食物链的顶端，不是由于“大毛怪”和“小智人”频繁的战斗，而是二者合作的结果，如图2-3所示。

图 2-3　联合制胜

“大毛怪”和“小智人”通力合作，能够让早期人类捕获一头重达数吨的猛犸象。理智脑“小智人”负责统筹：深谋远虑、制造标枪、设计陷阱、保持耐心、组织控制；情绪脑“大毛怪”则负责执行：观察动静、精准投枪、猛力围捕，捕获后再进行合理分配。二者的有效配合确保了人类的竞争优势，也正是这般完美的配合让人类这一物种所向披靡，一骑绝尘，经过数百万年的角逐，最终站在食物链的顶端。

由此可见，**“大毛怪”和“小智人”是可以和谐相处的，而且二者一旦合作，也许可以制造奇迹。**我们无法赶走“大毛怪”，它生来就在我们的身体中。“大毛怪”有些天性可能无法被改变，例如遇到恐惧会自然躲避，但是我们的大脑具有可塑性，可以察觉那些已不再适用的反应模式（习惯），建立新的反应模式。也就是说，“大毛怪”的一些习惯是可以被调整和优化的。

我们可以通过学习和实践强化理性思维，提升认知，让“小智人”更好地和情绪和谐共处，成为一个能够更健康、均衡发展的个体。而此刻，你正在提升自己的认知，就像现在的你懂得了我们的大脑其实装了“大毛怪”和

"小智人"，只要它们和谐相处，开展良性合作，就能创造很多可能，最终帮助我们实现人生价值。

"小智人"不是要一味地对抗"大毛怪"，而是需要不断提升自己的认知和智慧，学会更好地与"大毛怪"相处，不去激怒它、对抗它，而是要爱它、理解它，遇事和"大毛怪"商量，建立符合二者共同利益的愿景和价值观，使"我"成为一个更积极、健康、均衡、和谐发展的统一体。

每个人都有一家"大脑公司"，"小智人"就像大脑公司聘用的聪明理智且年轻的首席执行官，有远见、有想法、有创意；"大毛怪"则是经验丰富的老员工，习惯了按老思路、老经验办事。工作时，如果二者对抗，公司就会成为硝烟弥漫的战场，很容易陷入混乱和停滞；如果首席执行官和老员工遇事商量、相互理解和包容、紧密配合，公司就能稳定发展、欣欣向荣、实现资产的不断增值。

对个体而言，如果"大毛怪"能够调整自己的习惯，"小智人"能够不断精进自己的能力，二者和谐共处、减少内耗，能够相互理解、相互包容、匹配前行，就能联合制胜，所向披靡，创造出更多的价值。

"大毛怪"和"小智人"的调整和精进可以帮助我们不断优化认知。如何更好地认知这个纷繁复杂的世界，正是本书接下来要呈现的内容。

第三章
本质：找到认知“匕首”

人生之车来到了有迷雾的山林入口，这里有很多岔路口，但每条路都模糊不清，想要看清路况，我们需要在人生之车的软件系统中装一个高级探测器。它能辨别迷雾后面是坦途还是悬崖，分析具体路况和风险。拥有了这项能力，人生之车可以少走许多弯路。

迷惑的世界

不知你是否有这样的经历：刚谈恋爱时，你一刻都不舍得离开对方，觉得对方哪儿都好，就是心目中伴侣的理想模样。等相处了一段时间后，对方不美好的样子呈现了，再过了一段时间，你发现自己与对方并不合适，懊悔没能早点洞悉对方的本质……

如果你有孩子，又恰巧参加过一次家长聚会，那“育儿”的话题是绕不开的。大家说着说着，就开始抱怨和诉起苦来：“我们家那不省心的娃，我说什么都不听，你说东他偏要向西……”“我家娃一碰上手机、平板就停不下来，一没收设备就生气……”一次美好的家长聚会，最后大概率会变成一场“吐槽大会”。孩子的教育问题，真的只是孩子的问题吗？它其实更多涉及家长的问题，例如家长能否做到在家不看手机、用心陪娃。如果家长自己做不到，又怎能让孩子做到呢？每个孩子都是有无限可能的，家长需要考虑的是在其成长过程中给予足够的耐心，提供足够的爱和重视。

家长们的吐槽，仅仅是把自己在带娃过程中的负面情绪宣泄出来罢了，和“育儿”这件事没有关系。家长育儿，最好的方式是以身作则。

通过以上这两个例子，你大概能体会到，停驻于肤浅的表象并不能解决太多问题，对事物的本质我们要穷追不舍。

不求甚解的代价

当你只看到一件事情浅层的表象，不深入探究真相、本质和规律时，往往会判断失误。

在汹涌的股市中，股民一般都是追涨杀跌，这就是只看问题表象的表现。作为经济晴雨表的股市自有其运行规律，它并不是靠“表面的行情”运行的。如果我们对经济规律、对企业的基本面、财务报表完全不清楚，仅仅停留于表象，那大概率会损失惨重。

恋爱初期，你发现另一半很会照顾人，对你嘘寒问暖、温柔体贴，后来才发现对方并不专一，原来那些“嘘寒问暖”“温柔体贴”都是表象。如果你抱着结婚的目的继续与其交往，却还未意识到这个世界上存在这样一类人：他们只想恋爱，从未考虑过结婚以及长久地发展一段亲密关系，那么最终受伤的是你自己。

表象和本质往往相差甚远，当我们在表象的世界裹足不前时，得到的结果往往是十分惨痛的。

我曾经看到一则泰国广告，内容是男主带着一家老小来到户外游玩。男主看到山清水秀的美好风景，心旷神怡地深吸一口气，却突然发现脚下有个嘀嘀响的东西，低头一看，是一个倒计时不到一分钟的定时炸弹。气氛瞬间紧张起来，男主让家人快跑，母亲说没有时间了，他们开始用手机上网查询如何拆炸弹、通过社交软件问朋友，一切似乎都来不及了，时间只剩不到 10 秒了。男主让妻子带着老人和孩子赶紧跑，就在这千钧一发的时刻，吃着薯条的女儿不慌不忙地说出了 4 个字“取出电池”，全家得救了。

可见，当我们停留在问题表象，对事物的本质模糊不清时，总会被一些毫无关联的表象绊住，浪费了精力和时间，甚至做出错误的选择和决策。

真相其实并不复杂。

事物本质是事物本身固有的根本属性，通常不复杂。老子说，大道至简。探究到最后，我们的想法几乎都是用一句话可以概括的。例如，“谈判的本质是找交集”“公司的本质是创造价值”等。

击穿错综复杂的事物表象，我们才能抓住事物的本质，而这正是提升认知力的核心要点。事物本质往往被包裹在严实的表象下面。越能刺破表象，就越能抓住事物本质，少走弯路，进而避免不必要的损失。

我们需要用“匕首”刺破表象，抓住事物本质（见图 3-1）。苹果掉到地上是表象，大家习以为常，但牛顿却能探究其本质，发现了万有引力定律。谈判桌上可能风云变幻，多方使用各种技巧和手段，但理解了“谈判是找交集”这一本质的人，更容易说服他方，赢得合作。

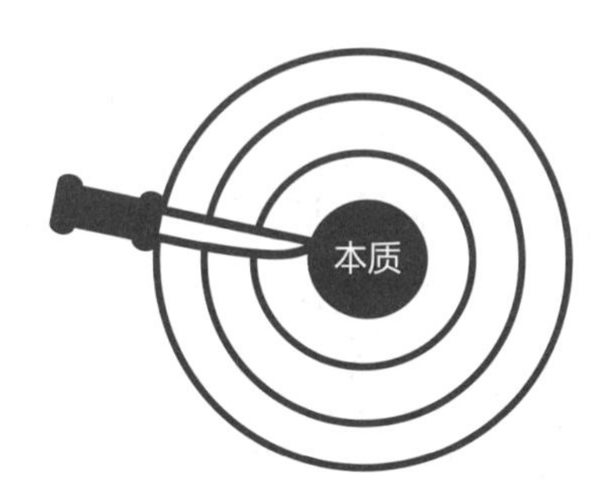

图 3–1 用“匕首”刺破表象，抓住事物本质

那么，如何才能刺破表象，抓住事物本质呢？

找到那把认知“匕首”

先来看两个故事。

在马斯克进军电动车领域前，很多汽车厂家都尝试过电动车项目，最后都由于电池组成本过高而放弃。当时的储能电池的价格大概是 600 美元[①]/ 千瓦时，但马斯克没有停留在“高成本”这个表象，而是运用第一性原理追根溯源找到问题的根本：电池组核心材料包括碳、镍、铝和一些聚合物，在伦敦金属交易所购买这些材料组合成电池的成本仅需要 80 美元 / 千瓦时，于是他毅然决定进军电动车领域。他用同样的思路发现火箭材料的成本仅占火箭整体成本的 2%，循着这个思路，他要做的是想尽一切办法优化剩余 98% 的成本，他的目标就是无限逼近 2% 这个极限。马斯克能创造现在的特斯拉公司和 SpaceX 公司，和其深入事物本质的思维不无关系。

① 1 美元≈ 7.15 元。

世界汽车销售冠军丰田公司，则是通过反复问5个“为什么”（5why分析法）来抓住事物的本质。在被誉为制造业管理经典的《丰田生产方式》一书中，丰田公司前副社长大野耐一先生写道：一台机器不转动了，你就要问以下问题。

（1）为什么机器停了？

因为超负荷，保险丝断了。

（2）为什么超负荷了呢？

因为轴承部分的润滑不够。

（3）为什么润滑不够？

因为润滑泵吸不上油来。

（4）为什么吸不上油来呢？

因为油泵轴磨损，松动了。

（5）为什么磨损了呢？

因为没有安装过滤器，混进了铁屑。

如果丰田只是停留在换保险丝或油泵轴这些环节，就没有找到根本问题，过一段时间还是会出现同样的问题。原因追查得不彻底，解决方案就无法彻底奏效。正是追根溯源到根本问题，抓住事物本质，使得丰田的精益生产管理享誉全球。

同样，如果我们对自己的问题仅仅停留在纷繁复杂的表象层面，而不去探究事物本质，那么我们将很难走出迷茫和焦虑。

第一性原理、5why 分析法，都是追根溯源、抓住事物本质的好方法。无论是马斯克还是丰田员工，都是抓住事物本质的高手。正和岛创始人刘东华在其组织编纂的《本质》一书中提到："判断一个人能否成功的最简单有效的标准，是看其是否具备直击本质并驾驭本质的能力。"

还有一个方法，就是耐心观察。

对有些事物本质的观察需要时间，就如股市，如果你没有经历一个完整的经济周期，就容易盲目投资。当你经历了一个经济周期，并且深入地研究其规律后，你的投资就不会那么盲目，反而会非常谨慎。又如创业，很多没有创业过的人，都以为创业是件很风光的事情。没有经历创业的人很难体会到创业的艰辛，它需要天时地利人和，99% 的盲目创业是会失败的。你可以看看身边的创业者，看看他们的经历，就能对创业这件事情的本质有相对深入的了解。

抓住事物本质的方法有很多，除了上面提到的第一性原理、5why 分析法，还有"耐心观察"(在周期中观察总结)，这些方法很容易习得，如图 3-2 所示。**在探究事物本质的过程中，如果还能把握几个要点，那你将更加轻松、自如。**

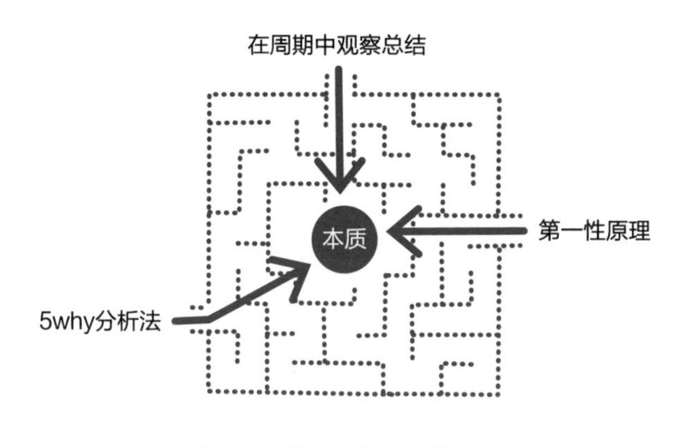

图 3-2　抓住事物本质的方法

第一，对已有事物保持怀疑和批判态度。就如马斯克对当时电池市场价格的普遍共识的质疑。电池这么贵是合理的吗?

第二，考察每个困难和问题，将其尽可能多地分成小块，以便更好、更简单地解决它。这和马斯克分析电池组，研究其组成材料，弄清其价格类似。还如前文泰国广告中的那家人看到定时炸弹，其实他们可以从很多角度分析，导线、电池或者可以把它丢到山下的河里等，而不是被那个“可怕的倒计时”给挟持了。

第三，从最简单和最容易的问题入手，逐步认识更复杂的问题。面对一个复杂问题，我们可以从其中最简单的部分入手，就如复原一个三阶魔方，可以从最简单的部分开始，先把第一层的“十字”拼好。

第四，尽可能详细、全面地考察，以确保万无一失。这有点像答完试卷后的检查，将所有的小问题都解决后，再整体检查一遍，查缺补漏，确保更高的正确率。

以上也是欧洲近代哲学奠基人笛卡儿认为的探究事物本质的原则。

形成表象的原因可能有很多，但是如果深挖、追根溯源都能找到一个隐藏的本质，因为每个结果的产生都有一个根源。我们需要的，就是训练属于自己的认知“匕首”，刺破表象的层层困扰，穿越迷雾，抓住事物，分析它、解决它，让自己时刻保持理性。

人人皆有慧眼

每个人都有看透事物表象的能力，都有属于自己的一双“慧眼”。只要多加观察、刻意练习，皆可以看透事物表象，抓住事物本质。

看透了事物表象，你眼中的世界就会变得简单很多，你可以运用这把匕首，在纷繁复杂的世界中游刃有余，取得属于自己的成绩。

你也不会觉得李书福说“汽车就是四个轮子＋两个沙发”是一句笑话，因为这个定义，就是对汽车本质的认知。让轮子转得更快些，车主坐得更舒服些，更安全些，做好汽车就这么简单。虽然在他走进福特总裁办公室说，未来有一天要收购沃尔沃时，福特总裁不以为意。但是 8 年后，李书福的吉利真的收购了沃尔沃。这超出了许多人的想象。其实 8 年前，李书福就对沃尔沃有深刻的洞察：沃尔沃对福特汽车来说是个鸡肋。他预计如果福特想要出售沃尔沃，未来的吉利一定是最理想的收购者之一。

又如恋人分手时，常常会找出一堆似是而非的理由：他（她）某些习惯不好、性格我忍受不了、他（她）的经济状况我不满意，等等。这些看似合理的解释，在核心本质面前都不堪一击，那就是：不爱了，两个人已经无法同频共振了。

再比如，我在互联网行业有些年头了，经常有人问我，怎样看待近年崛起的字节跳动（抖音、今日头条的母公司）这家公司，如果用一句话来概括它的本质，我会怎么说？我说：“如果让我用一句话来概括字节跳动的本质，那就是：**一个高效的内容和广告分发平台**。”这句话包括三个关键词：“平台”“内容和广告”以及“高效分发”，我们来简要解读一下。

第一个关键词：平台。

所谓平台，我的理解就是一个来满足供给方、需求方需求的交易场所，它自己不生产具体的产品（例如淘宝），靠赚取相关服务费获取收益。字节跳动的产品抖音，其需求方就是有各类娱乐、资讯、赚钱等需求的广大日活跃用户。他们“嗷嗷待哺”等着“供给方”的投喂。而供给方正是数以万计的内容制造商和广告商。

第二个关键词：内容和广告。

这其实就是刚才说到的“供给方”。“供给方”提供足够丰富、有趣的内容才有可能吸引更多用户，有了用户也能吸引更多内容制造商加入，这就是网络效应。有用户不能变现是没有意义的，今日头条在刚开始崛起时，就已经在招募广告销售团队了。目前，字节跳动公司在全国各地的广告团队，保障了其广告库中有大量的广告用于分发。广告费占了整个字节跳动公司收入的大部分。

第三个关键词：高效分发。

我个人认为“高效分发”是字节跳动公司崛起的制胜法宝，其核心是技术和数据。其中有以下三个关键点。

第一个关键点是通过机器及人工标签等方式，对庞大的用户做了颗粒度更细的标签。例如哪个人在什么时间看了哪些内容，将这些标签分门别类。通过这些动作，字节跳动公司可以更高效地进行千人千面的内容推荐和广告变现。

第二个关键点是把单位时间内的观看人次变现效率提高。例如通过大数据分析，发现一条短视频千人次观看一分钟只能变现 10 元，但带货和娱乐直播一分钟能变现 30 元，于是字节跳动公司就会把更多的用户流量分给直播，同时变现的竞争也会激励广告业务，这一系列动作淘汰了那些劣质的运营方，又保障了“供给方”的效能。

第三个关键点是优化出的内容和广告插件的变现效率大于其他竞争对手。这就让更多的 App 植入其内容和广告插件（穿山甲），马太效应明显。目前市场上 80% 以上的 App 中都内置了字节跳动公司的广告插件用来完成广告变现。

因为我在互联网行业里的时间比较长，对这些现象平时就有观察和分析，再加上较多地运用了上面说的训练方法，所以就有以上浅薄的见解。通过勤加观察和练习，相信你也可以拥有一双“慧眼”，可以对身边的事物进行深入浅出的分析，而不被表象困扰。

认知任何事物都需要一个过程。现在，我们找到了刺破事物表象的“匕首”，可以抓住事物的本质。车尔尼雪夫斯基曾说：追上未来，抓住它的本质，把未来转变为现在。

如何提升我们抓住事物本质的能力，有一个重要前提，就是有足够的知识储备。

第四章

储备：构建“冰山”，打造你的 ChatGPT

我这辈子遇到的聪明人没有不每天阅读的—— 一个都没有。

——《穷查理宝典》

人生之车的导航系统只有储备了足够的数据，并对其进行计算、学习、判断，才能得出一个最优解，指引我们找到正确的路径。

查理·芒格（Charlie Manger）说：“在我认识的成功人士中，没有一个是不坚持阅读的人。”哪怕芒格坐飞机发现航班延误了，都会不紧不慢，坐下来拿出随身携带的书开始读起来。他说，只要手中有一本书，就永远不会觉得浪费时间，他也被自己的儿子形容为“行走的图书”。

芒格作为沃伦·巴菲特（Warren Buffett）数十年的搭档，共同执掌伯克希尔公司，半个多世纪以来，伯克希尔公司持续创造了 20% 的超高平均年化回报率，这在投资界实属罕见。除了他们坚持的价值投资理念，超高的平均年化率与他们丰富的知识储备也密切相关。而芒格创立的“多元思维模型”，在其中助力良多。他主张用多学科知识解决问题，认为任何事物都和其他事物有普遍联系，需要运用多学科的知识来解决问题，而不是用单一学科解决。用单一学科解决问题就如同自己只拿了一个锤子，看到满世界都是钉子。芒格强调，**重要学科的重要理论需要人们掌握并且经常使用，而且要全部用上，不是只用几种**。多学科包括数学、物理学、心理学、经济学、统计学、工程学、化学、生物学、历史学，等等。超高平均年化回报率的背后，其实需要十分丰富的知识储备。

在尤瓦尔·赫拉利（Yuval Harari）的《人类简史：从动物到上帝》和理查德·道金斯（Richard Dawkins）的《自私的基因》的篇尾附注里，有长达数十页、上百项的引用文献，包括生物学、经济学、统计学、历史学、心理学等不同学科的内容。

看到这里，你是不是有种被吓到的感觉，这也太复杂、太难了吧。我连一门学科都没学好呢。

还是让我们回到自己身边吧，我们总能碰到一些朋友，每每交谈，我们会发现他们逻辑清晰、见解独到。你同样也会发现有这样一些朋友，他们通常看上去和我们也差不多，有一天，却能敏锐地捕捉和抓住某个市场机会，创造大量财富和价值。他们是怎么做到的呢？天生的？运气？还是其他一些原因呢？

冰山一角

其实，无论是芒格的“多元思维模型”、尤瓦尔的《人类简史：从动物到上帝》，还是你身边朋友的独特见解或创富故事，都只是他们露出的冰山一角。

在这看得见一角的冰山（显性知识）下，其实藏着一个巨大、隐形的巨型“冰山”（隐性知识），里边储备着巨大的能量，如图 4-1 所示。这座“冰山”又是如何形成的呢？它不是横空出世的，而是经过了漫长的时间，在日积月累中逐渐形成的。我们身边那些优秀的朋友，其背后的累积过程是我们看不到的。他们可能已经积累了足够长时间，只是在寻找一个爆发的机会。这些累积的储备可能源自平时的大量阅读、对行业的深入洞察、与大量专家和用户的交流，也可能源自大脑的有序储蓄、思考和淬炼，以及他们在实践中将知识大量、有效地整合和持续运用。

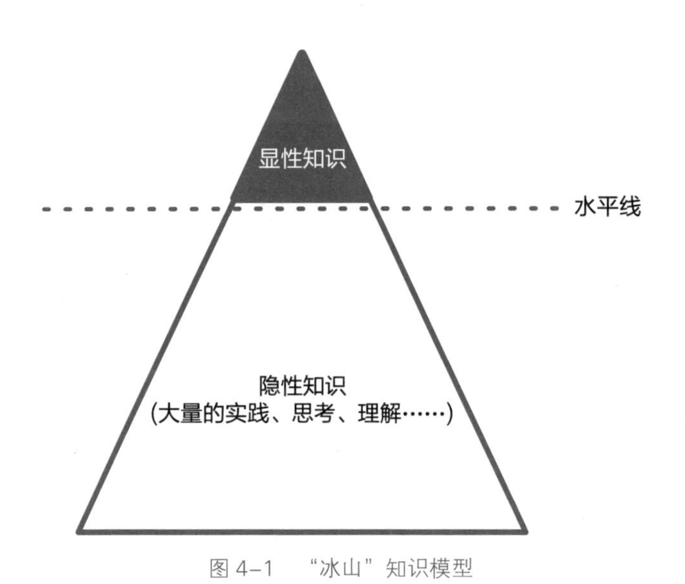

图 4-1　“冰山”知识模型

我们在使用百度或 ChatGPT 时，网页上呈现的是一个非常简单的框（“冰山”一角）。事实上，它隐藏着巨大的数据量，有着复杂的数据算法，而且每天还需要迭代亿次以上的数据，同时在不断地修正和优化自身的算法，这些都是我们看不到的“冰山”。当你听到朋友说了一句有独到见解的话，或者看到他抓住了一个市场机会时，也只是看到了“冰山”的一角，而储备丰富的那座巨大的“冰山”是你看不到的。

“冰山”的累积

其实在刚开始的时候，我们和身边那些优秀的朋友并没有太大区别。神经学研究表明，每个人出生时的“出厂设置”都差不多，每个人的大脑中都有约 860 亿个神经元。它就是我们的认知储存硬盘，人类每天通过眼、耳、鼻、舌、身、意这些输入设备，有效输入感受、知识和经验。它们被分门别类地储存在我们大脑的海马体、基底核和大脑皮质等各个区域中。只有储备了足够多的有效认知，才能构建自己的“冰山”，并在需要时随时调用。

就如上文提到的，那个可以随时发表独到见解的朋友，他的头脑中已经储备了数量庞大的、能够支持见解的知识，所以他才能脱口而出一些独到的见解。同时，已经储存的认知模型如果能被经常重复应用，那么这些重复应用又会强化认知模型，在下一次搜索和提取时，就会更快速和高效，几乎不会耗能。

又如出门或出差前，你形成了“身手钥钱”（身份证、手机、钥匙、钱包）的神经回路，一般就不会出现丢三落四的毛病。这是因为这个认知模型在每一次重复中加强了，成为大脑（存在基底核）中的潜意识，需要时就能被轻松提取。

“大脑公司”的机会

人的大脑特别像一个公司。刚开始时，各员工（脑细胞）之间、各部门之间都没有联系，随着婴儿降生，业务开始了，各员工之间、各部门之间开始形成紧密的合作关系。就如生产部门各工序上的员工开始形成紧密连接，生产部门又和销售部门形成紧密连接，公司逐步形成自己的技术累积，并开始对外销售产品产生价值（利润）。随着需求订单的不断增加，各员工之间、各部门之间的联系和配合就会越来越紧密、越来越快捷，整个业务流程会越来越顺畅，技术专利越来越多，公司利润也会随着业务增长而增加，最后形成一个庞大的资产储备库。公司有了流畅的机制及庞大的人才、技术和资金储备，市场上一旦有新的机会出现，公司就可以快速捕捉进而创造新的价值，实现人生资产的持续增值。优秀人物的大脑都是这样炼成的。

有些人的“大脑公司”比较特殊，从诞生起员工之间关系便很松散（见得少、思考也少），也从来没有想过改革和产品升级，只停留在生产一些初级产品阶段。就像种橘子，有的人只知道年复一年地种橘子，从没想过如何改良品种、如何扩展升级销路，也没有了解海内外市场需求，只能停留在种橘子的产业链末端。另一些人的“大脑公司”，不停地跑，收集各种信息、强化和外界的连接，便有可能获得大量的市场机会。

我有个同学，在茶叶行业做了很多年。前些年，他发现陈皮市场[①]有上升的苗头，于是到广东新会承包了数百亩橘园，准备进入这个赛道。结果 3 年后，陈皮市场大爆发，他赚了很多钱。他并不是凭空做的决策，因为其大脑对大健康行业足够敏锐，而且收集了足够的信息反馈，建立了大量有关

① 本书案例均基于发生时的客观情况进行分析，不构成任何投资建议。

“陈皮市场”的有效连接，拥有其自己的营销渠道，所以陈皮市场一爆发，他便可以快速销售陈皮。拥有足够丰富的知识储备，才更易做出相对准确的判断，抓住机会，创造价值。

这些能不断捕捉机会的人，本质上都拥有储备丰富的大脑。怪不得法国微生物学家路易斯·巴斯德（Louis Pasteur）说：“在观察领域里，机会偏爱那种有准备的头脑。”

储备可以来自阅读、思考，也可以来自兴趣或实践。只要储备足够，它似乎总会以一种不经意的方式回馈生命。

中学时代的我就如同那个松散的“大脑公司”，我的成绩并不算好。后来我有幸读了梦寐以求的广告学，对于当时流行的传播和营销理论，我都有非常强烈的兴趣。其中兴趣最大的还是创意、设计。当我 20 多年前第一次接触到 Photoshop 这款图片处理软件时，我觉得它真是太神奇了。于是我时不时地打开软件操练，把一些有意思的想法通过图像的方式表现出来。我还记得当时反恐精英这款游戏很火，于是在一个公益广告活动中，我把鼠标和键盘组合成一把手枪，标题是“新武器”，如图 4–2 所示。因为喜欢所以投

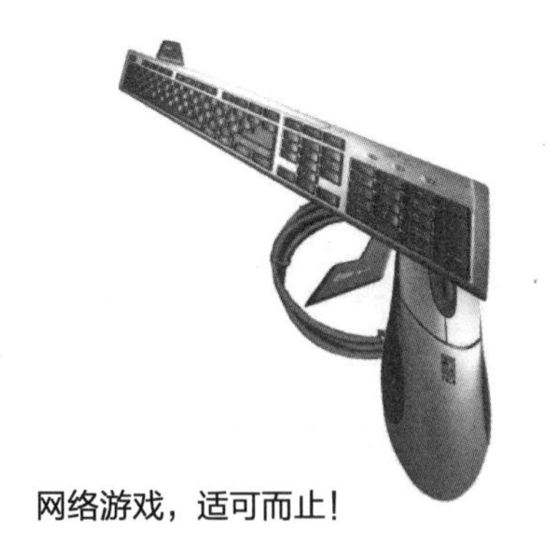

图 4–2　公益广告

入，我废寝忘食，乐在其中，把自己的所见所想尽量去用图像的方式表达出来，反复操练，我还召集部分同样对设计感兴趣的同学参加一些国内外广告比赛，结果我们中不少同学入围了中国大学生广告大奖等重大赛事的决赛圈，并获得过金、银奖，这是大学时代十分难忘的印记。现在想来，我们取得的所有成绩几乎都是平时累积和储备的结果。

大学时我的一位同学，特别喜欢编剧和表演话剧。有几次碰面他目光炯炯地与我们分享与此相关的话题，他并没有只停留于口头，在大二时就组建了话剧社。话剧社虽然招募了不少会员，却不知道如何开展活动，导致会员大量退出。因为他自己也缺少相关知识，于是开始拼命充电，天天在图书馆阅读大量的戏剧理论类读物，如《演员的自我修养》《戏剧理论史稿》《奥尼尔剧作选》等，并开始自己尝试排练各类话剧，后来他自己编剧的话剧在学校演出大获成功。

大学时的“风光”并不代表工作后就一定能顺利，更何况不是科班出身，我的这位同学毕业后来到北京，开始了在杂志社的工作，但他心中的编剧梦从未破灭。于是，他在业余时间继续保持大量的阅读、思考和创作。10余年间，他前前后后创作了20多部剧本，几乎都石沉大海，直至2018年参与创作了一部叫《无名之辈》的电影剧本，一举成名。2022年，他又联合改编了《万里归途》，成为当年的票房黑马。成名似乎只是一个馈赠，20多年的大量储备才是关键。如果没有之前大量的阅读、思考和创作，没有20多部“石沉大海”的剧本铺垫，没有夜以继日的探索，也就不会有《无名之辈》《万里归途》的高光时刻。

认知储备源于大量的阅读、思考和实践。这些助力了芒格和尤瓦尔取得了惊人的成就；于我个人而言，正是大学期间的大量创意实践、参赛等经历，让我毕业后有幸加入一家不错的广告公司；也正是大量的戏剧创作储备才让雷志龙的《无名之辈》脱颖而出。

简单的学习与重复不等于储备

我们特别喜欢把觉得不错的文章收藏在文件夹里，看到别人推荐的一些书也会默默下单，感觉这些收藏的、买下来的文章和书就是自己的储备了。其实很多年后我们会发现，收藏的文章后来从来没看过，下单的书至今还没有撕开塑封。这就有点像一面之交的朋友，尽管留了名片加了微信，也只是躺在通信录里了，这些都不是真正的储备。

我们常说，简单的工作重复做，就能见成效，其实未必。对于一些需要肌肉参与、需要持续训练的技能，这种重复确实会有帮助，例如打球、游泳、骑自行车等容易形成肌肉记忆的运动。但对于相对复杂、偏知识性的储备，重复的价值就极其有限了。

例如，对于一个只会道听途说、重复“追涨杀跌”的股民而言，机械地重复是无法创造出价值的。股民如果能掌握一些基础的金融知识、了解投资标的公司的真正经营情况和财务报表、了解行业情况和动向，才可能提高在股市中盈利的概率。

在看似重复的工作中，如果能做到每天都一点点有效地累积和迭代，对于那些有失误或错误的地方，能够逐步完善和优化自己的算法，那么才能形成真正的储备。

真正的储备包括两个很重要的条件：一是有足够多的信息输入和整理，二是能够足够快地分析、搜索、提取和计算，并得出一个最优解，这就好比每个人都有一个自己的 ChatGPT 助理。

举个例子，在我写书的过程中，需要准备的信息其实非常庞杂，有书籍的、网络的、访谈的、实践的，我应该如何整理才能更加有效呢？如何才能更便捷地建立连接呢？我的做法非常简单：建立一个“小型数据库”，把所有的信息分成三个类别：A 故事汇集；B 名言警句；C 知识原理。每次碰到或想到和这三个类别有关的信息时，立刻把它们抄下来（标注来源），就这样一点点累积 A1、A2、A3……/B1、B2、B3……/C1、C2、C3……同时，在写作时可以根据章节内容，先建立一些连接，例如第一节：A1+B2+C3，诸如此类。这样写书时就不是单纯靠想象了，相当于有了一个较强的“外脑”在支持我完成这本书。

这也是申克·阿伦斯（Sönke Ahrens）在其《卡片笔记写作法》中的核心建议，人的大脑记忆有个缺陷，储存的信息如果长期不用，它就会自动丢失。所以，**有效的储备 = 有效的“数据”+ 连接提取（随时得出最优解）**。每个人都可以构建自己的数据库“冰山”，并找到适合自己的一套算法。那时，你无须羡慕那些优秀人物，因为你已经在成为优秀的自己了。

“用”是最好的储备

我们大多数人认为的储备，可能就是吸收、输入和储存，例如通过阅读、思考等达成。其实，储备还有一个非常重要的方式就是“用”，这也是王阳明所谓的“事上磨”。很多储备的形成并非通过阅读和思考，而是通过“用”、通过大量的“实践学习”，打造出属于自己的 ChatGPT。

在我练习演讲的两年时间里，有个非常深的体悟。刚开始时，我总感觉稿子写得还不错，自己也学了很多演讲技巧，觉得在心态上都已经准备好了，但是一登上演讲台，发现我又完全不是自己想要的状态了，我开始忘词、双腿发软、心率快速飙升。本以为的一次优秀演讲，变成了一场自己都看不下去的闹剧。这就是陆游所说的："纸上得来终觉浅，绝知此事要躬行。"

美国缅因州的美国国家培训实验室的一项研究显示：我们通过听课、阅读、视频和演示能记忆的内容，在 24 小时后能保留的仅有很少的一部分（5% ~ 30%），而如果能及时地将知识付诸讨论、实践和使用，这些内容在 24 小时后还有大部分能保留在我们的头脑中（50% ~ 90%），如图 4-3 所示。有句话叫"用是最好的学"，很生动地告诉我们已经"掌握"的东西只有通过实际的应用才可能真正为己所用。就如你只有真正站到演讲台上使用演讲技巧，那些学到的技巧才能发挥作用；只有跳进泳池，才可能真正学会游泳的技巧。

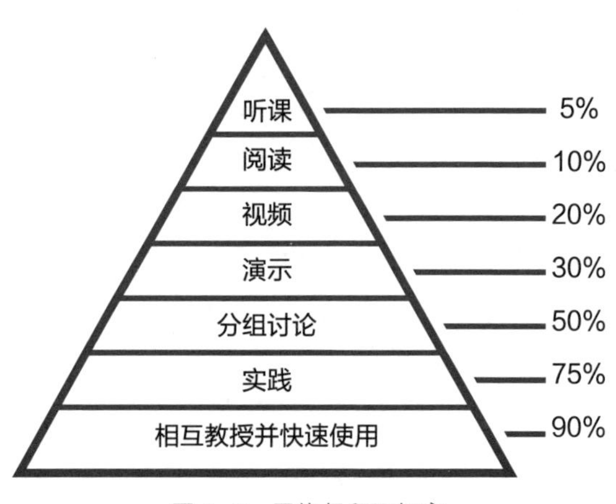

图 4-3　平均保留记忆率

很多阅读、思考和训练的本质是大数据的收集和提取。收集后我们需要整理和分类，如果不整理就会变得一团糟，就如我们买了东西回家，买的衣服放在衣柜里，买的书放在书架上。如果将东西随手丢放，在需要它们的时候我们就很难找到。"用"有点像大数据的算法，就如前面所说的，你以前出门前经常丢三落四，但经过实践总结“身手钥钱”的算法后，丢三落四的情况将得到改善。多用，就是最好的储备。

这也是费曼学习法的精要，即“教是最好的学”。在这个过程中，你要用最直白的语言去讲解新知识，你的大脑会从记忆库中自动提取那些熟悉的信息，在旧的知识和新的概念之间形成强大的关联，使新知识容易被大脑彻底理解。

构建属于自己的“冰山”

人人都有成长的动机和渴望，只是很多时候我们找不到具体的方法；人人也都想成为一个见识丰富、有主见、能随时输出的人，想成为一个腹有诗书气自华的人，但往往自己又做不到。通过前面的分析，我们知道原来那些优秀的人物都有强大的储备，有属于自己的巨大“冰山”。知道了“冰山”形成的原理，知道了重复不等于储备，知道了用才是最好的储备，也就是时候构建属于自己的“冰山”了。

以下这些具体方法，可以帮助你构建属于自己的“冰山”，也相信你一定可以构建属于自己的“冰山”，打造属于自己的 ChatGPT。因为你是独一无二的，和那些优秀的人物一样，拥有一样数量的神经元。

一、保持开放、谦虚和迭代的学习心态。

我认识一位青年创业团的导师郭老师，他在各个行业都有很多大佬朋友并与他们私交甚密。有一次我问郭老师：“这些创业界精英身上有什么共同特征吗？”郭老师认真地回答：“这些企业家有一个非常突出的共同特征就是‘谦虚好学’。他们的心态非常开放，极为谦虚和低调，很少自以为是。和别人进行一些深入交流时，他们喜欢认真聆听，然后喜欢拿出一个笔记本，把一些他们认为重要的内容记录下来。”

2022年刘润老师做过一道“开封菜”。在和俞敏洪老师直播连麦的过程中，我发现俞敏洪老师也有一个笔记本，并把“晚辈”刘润的一些有价值的观点一一记录下来。论学识和创业经验，俞老师可能胜于刘润，但他坚持以一个开放、谦虚的心态请教和学习，这是难能可贵的。

他们非常清楚，每一次的故步自封都可能导致止步不前，个体能掌握的知识再多也是极为有限的。已有的存量知识能真正掌握的已极为有限，更何况还有大量的增量知识，所以史蒂夫·乔布斯（Steve Jobs）说“要保持无知，保持饥渴”。“无知”是自谦，是一种更开放的学习心态。“保持饥渴”是保持着热情、好奇，不断迭代和创新。查理·芒格说：“如果说伯克希尔取得了不错的发展，那主要是因为沃伦和我，我们非常善于破坏自己喜欢的观念。”桥水基金创始人瑞·达利欧（Ray Dalio）说：“如果你不觉得一年前的自己是个蠢货，说明你这一年的进步不够大！”《爱丽丝漫游奇境》的红桃皇后说：“你必须不停奔跑，才能留在原地！”因为其他人可能跑得比你还快，你不奔跑不迭代，很容易被远远甩到后面。

在我所见到的优秀人物中，没有人是故步自封的，他们保持着开放、谦虚的学习心态，在不断进步。

二、有目的地学习、储备和实践。

《庄子·内篇》曰：“吾生也有涯，而知也无涯。以有涯随无涯，殆已！”说的是以有限的生命去追求无穷无尽的知识，多是徒劳无功。所以在有限的生命中学习，选择就变得极为重要。如何选？有目的地选择学习和实践是重要参考。有兴趣的、想学的、热爱的，有利于职业发展的，有利于自我价值实现的，我们都可以去持续学习和积累。行业的经典著作、能接触到的行业领军人物，便利的互联网络都提供了很多非常好的学习途径和工具。

我发现那些行业领军人物在学习过程中，除了有目的地学习，还特别注重吸收和实践，而不只是单纯的学习。我在中欧国际工商学院就读时，发现有几个企业创始人在课堂上学习了财务模型之后，回到公司立即模拟实践起来，据说成效还很不错。我在有目的地读完一本书后，一般会将一些重要的观点和金句记录在书本的封底。如有机会我会在社群进行分享，这样做也有利于巩固某个认知点，“用是最好的学”。

读了很多书、见过很多人，但如果没有一些笔记、没有总结、复盘或分享，我们的学习效果就会大打折扣。有目的地学习可以帮助你节省大量的时间，吸收之后还要多加实践运用，你的“冰山”才能更加坚固。这样做能有效强化我们大脑中的认知模型，即应对相关问题的能力，使我们自身的 ChatGPT 更强大。

三、做难而正确的事，把成败写入“储备硬盘”。

路上遇到的每个障碍，都是生命给我们的最好的礼物。已故企业家，链家前董事长、贝壳找房的创始人左晖曾说：“走捷径很容易，但它可能是错的。一般情况下，对的事情都很难。有时候你搞不清楚什么是难而正确的事，那就去选最难的一条路。”左晖选择了“难而正确的路”，把链家打造成市值数百亿美元的公司。

人人都能做的事其价值往往很有限，在艰难中，人的意志力和能力才能得到最好的磨炼。王阳明的成事心法是“心上学、事上磨、难上得”。一帆风顺的路上没有困难，当然也很难有收获和突破。很多时候的改变，是一些你不得不做的改变，也是它们才能让你真正有所改变。

2003年初，我在返回武汉的一辆列车上突然冒出一个想法：我想走遍中国（当时看来似乎很难）。那个时候我根本没有钱买机票，所以我选择坐火车出行，去东北我站了20多小时，去西藏我坐了48小时硬座。看似很难，其实我也并不觉得有多么累，一路有人跟我聊聊趣闻也很好。就这样，我一走就是10年，到了2013年，我已走遍全国各地上百个城市。这是我至今做过的最不后悔的事情之一。能走遍祖国的大好河山，体验风土人情和美味佳肴，是我十分难得的经历，它们助我累积了人生中的一座别样的“冰山”。

纳西姆·塔勒布（Nassim Taleb）在《反脆弱》中提到，应对不确定性时建议运用“杠铃理论”，即拒绝平均主义，要用一部分精力和资本去做“冒险”和“难”的事，这些尝试可能让我们在正确时获得巨大收益。例如，我在刚到深圳不久的2015年，将手头仅有的一部分资金投到了不确定的创业中，竟然取得了一点小成绩。当时还剩一点积蓄，我就用它购置了一个小型不动产，由于当时市场行情非常不错，在不到一年的时间里资产实现了增值。

去做“难”而“正确”的事情，可能成功，也可能失败。2019年，我投资了一家做SaaS（软件运营服务）的公司，因为新冠肺炎疫情暴发，公司始终没有太大起色，甚至面临倒闭的风险。我认为可以把这些经验和教训写入我的“硬盘”中，当下一次面对相关问题时，我便可以高效调用，从容应对。

总之，有个好的储备学习心态，带着目的储备、学习，在难而正确的道路上磨炼自己，我们一定可以构建属于自己的那座独特的“冰山”，它也终有浮出水面的一天（见图4-4）。

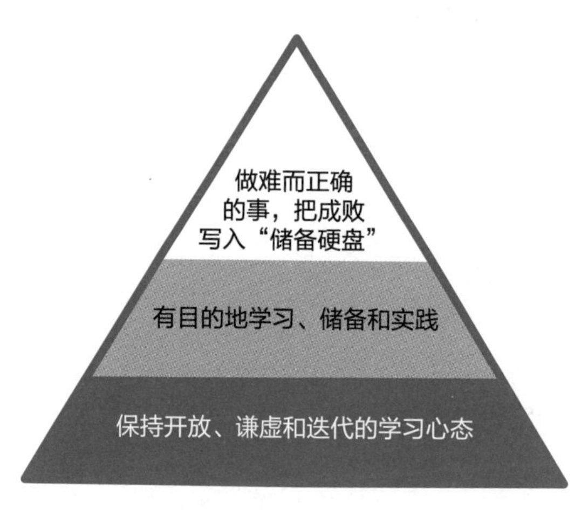

图4-4　构建自己的“冰山”

我们构建的“冰山”，其实也是我们的隐形“原始资产”。只要我们持续积累，它总会有显现的那一天。

我们储备的东西，也并不等于我们能成为什么样子。我们能否成为自己想要的模样取决于我们的心智选择，这是下一章要讨论的内容。

第五章

心智：你的选择，决定你的模样

每个人的内心都拥有无穷无尽的想法，无数条路，有些人选择开车前往西北，见识到的可能是大漠和戈壁，有些人选择去了江浙和广东，观赏江南水乡。

先来看一下图 5-1，你看到了什么？

图 5-1　一张视觉测试图

是一位长发少女吗？现在请你把本页倒过来再看一次，又看到了什么？

这就像看一群快乐地向上爬树的猴子，如从树下往上看，看到的是它们红红的屁股；如果在树上往下看，可以看到猴子们洋溢着快乐的脸。所以，选择的视角不同，我们看到的世界就不一样。

现实生活中，我们习惯从一个方向、一个视角看问题，生活在一个单面的世界里，很容易走入死胡同，感到纠结与痛苦。因为在一个被障碍阻挡的世界里，我们看不清事物、他人和方向，同时也看不清自己。

被障碍阻挡的世界

人人都希望快速弄清真相，就如你迫不及待地打开刚收到的包裹、刚买的盲盒一样。但实际生活中，我们往往有很多不解：那些曾经狂热的挚爱，爱着爱着就不怎么爱了，最终变成了路人；那份曾觉得热爱的工作，做着做着就没劲了，最后成了不得不去上的“班”；就连那款曾经最爱的游戏，玩着玩着也玩不动了，最终甚至懒得登录。何以至此？你可能知道一些原因，也可能至今不解。

很有可能是这样：最开始你对他（她 / 它）并不是那么了解，只知道他（她 / 它）的一面。等经历了一段时间、经过了一些事情，你对他（她 / 它）有了更为全面的了解。蓦然回首，才发现原来他（她 / 它）并没有想象中的那么美好。只有等那些包裹着他（她 / 它）的盔甲全部卸下之后，你才恍然大悟。

很多误会、不解和痛苦来自缺乏对事物的全面了解。就好像你的正前方有一抹红色，你就认为它只是一个红色的截面。走近一看，发现原来是一个硕大的立方体，它还有另外五个面，有不同的颜色。碰碰这个红色的面，原来它还是一个门，进去之后里面竟然有很多房间，里面还有各种奇珍异宝，琳琅满目。

原来，是我们的视角和思维习惯限制了自己。

其实，孩子和世界万物建立连接时的障碍很少。我发现我家孩子一岁时就能随着音乐的节拍起舞，自得其乐；两岁的时候，看到餐桌上的一盘小鱼，便对我奶声奶气地说："爸爸，不能吃这些小鱼，它们的妈妈会伤心的……"在孩子的世界里，万事万物皆有灵。

随着我们进入幼儿园、小学、中学、大学，我们开始积累自己的经验，形成了一套坚固无比的"是非、对错、好坏"二元对立的心智模式，这一模式也确实帮助我们简单、快速地适应了社会。

大学毕业踏入社会，这些少年时形成的心智模式又不断得以加强，我们开始往"更美、更优秀、更富有、出人头地"的方向狂奔，犹如一辆刹车失灵的汽车，已经停不下来。我们在一条单一的、永无止境的"更强、更优秀"的路上奔跑，我们被这个心智模式（按钮）控制住了。其实，我们身上还有很多其他心智模式，这些心智模式仿佛是安装在身上的一堆按钮，只是我们自己没有意识到而已。外界刺激了一下，我们就如木偶一样，习惯性地按下按钮，反应一下。

就如曾经的我，小时候是在以"别人家孩子"为榜样的环境下长大的，于是在很长的一段时间里，我特别害怕批评，特别希望能得到别人的肯定和赞扬。甚至在群里发个信息，如果没有人回应，我都会觉得是不是自己做错了什么，如果没得到回应心里总有不舒服的感觉。彼时，我其实就被一种"需要回应、被赞扬"的心智模式所控制了，不希望自己被"忽视"、希望被看见。就这样，我一度成为这个心智模式下的木偶。当人成为一个木偶时，就容易变得狭隘和偏执，看不到其他可能性。

我怎么会成为一个"木偶人"，我到底被什么操控了呢？是什么阻碍了我？就是那些**根深蒂固的心智模式**。

根深蒂固的心智模式

什么是心智模式呢？

简单来讲，心智模式就是我们认识事物的方法和习惯。我们在日常生活中接触各类信息后，由大脑进行价值判断，我们主观认为好的反馈将被保留下来成为心智模式，不好的反馈就被放弃。心智模式就在这个过程中被不断强化。著名学者彼得·圣吉（Peter Senge）指出，心智模式不仅决定我们如何理解世界，还决定我们如何采取行动。古典老师在《拆掉思维里的墙》中，用一句通俗的话解释了心智模式。它就是我们如何按自己的方式去理解这个世界，理解我们和这个世界的关系，从而决定如何去行动的一套思维体系。

由于心智模式隐而不现，而且会瞬间做出反应，一旦形成就容易使人产生路径依赖。这样人们在做选择时，会被惯性力量不断强化这一选择，并且很难轻易走出这种路径依赖。心智模式就是一种定势思维，如果用一成不变的心智模式去思考问题，我们往往会让自己走入死胡同。

比如，有些人认为“人的命运是被规定或限定的”，才能和潜力是有限的。他们在做各种事情时都会觉得“就只能这样了”“认命了”。有些人选择以这样的心智模式来生活和工作（当然也不错），但他有可能被限制在一个非常狭小的世界中；而另外一些认为“人是可以终身成长的”“人是有无限可能的”的人，往往能不断地修炼、精进自己，把自己当作资产，不断地自我突破和增值，价值也因此不断被创造出来。

那些坚决固守自己心智模式、一成不变的人，可能面临更多的问题和挑战。在被“我必须赢，我必须优秀”的思维控制时，人一旦失败就会十分痛苦。但实际上，诸事无常，成败乃常事，如果不能接受自己的失败，那人们将一辈子活在痛苦和纠结之中。

彼得·圣吉在《第五项修炼》中讲了一个真实案例：有个人一不小心掉到了瀑布下的深潭里。深潭里有一个很大的旋涡，这个人掉进去之后，本能反应就是拼命往岸边游。但是水流湍急，他根本游不出来。他挣扎了十几分钟，最终因体力耗尽不幸死去。然而不到一分钟，他的身体就被冲到岸边了。这是为什么呢？因为这里的水呈涡流状态，人顺着水下的涡流就能很快被推到岸边。他越是抵抗和挣扎，反而越陷越深，消耗了自己的体能，失去了生命。彼得·圣吉接着写道：“他在生命最后一刻努力要做到的事情，在他死后一分钟之内就实现了。”这个落水者自己都不知道，他的行为遵循头脑中固有的反应模式，即掉到水里就要拼命地游向岸边，这样做使他反而失去了生命。

当自己深陷“旋涡”时，当被别人“恶意”攻击时，当“霉运”降临到头上时，我们应该怎样思考和做出反应呢？此刻的心智模式往往决定了我们的命运。

爱因斯坦说：“用制造问题的思维去解决问题是行不通的。”

只有看见，才有选择的机会

当被别人“攻击”时，如果只是下意识地进行反击，而没有想清楚对方为何攻击，那么结果往往是两败俱伤。如果只是把“霉运”当成“霉运”，而看不到里面蕴含的可能性和机会，那我们会有连续不断的“霉运”。

只有看到他人和事物的其他面时，我们才有做出更好选择的机会。固守一成不变的心智模式，一条道路走到黑，最终将是穷途末路。学会用多视角观察，我们将看到更多可能性。

如果桌上有半杯水，悲观的人会认为只有半杯水了，乐观的人却认为还有半杯水。此时的你和以前不一样了，因为此刻的你，有了看待“半杯水”的两个角度，有了两种选择。

面对股市下行，你可以看到大部分人的恐惧和担忧，看到他们纷纷离场。你也能看到还可以有另外一种选择，即在下行之时，冷静分析判断，看清企业合理估值和价格后，可以考虑逆行，增加持仓。[①] 此刻的你也许能真正理解巴菲特的那句：“恐惧时贪婪，贪婪时恐惧！”你有了两种选择，而不是像之前一样随波逐流地“追涨杀跌”。

此刻你也更加清楚了，其实我们所有的外显行为，本质上都是不同心智模式所做出的选择，都是内在思维模式的一个投影。我们进行多视角观察，就可以拥有更多选择。一般来讲，选择用积极乐观的心态去面对世界，世界就会给予你很多机会；用悲观消沉的心态去面对世界，就容易不断地沉沦。这就是朗达·拜恩（Rhonda Byrne）在《秘密》一书中说到的吸引力法则，你相信什么，最后就会成为什么。

2008 年，我失业了。我一度迷茫和失落，不断地问自己：为什么失业的是我（我工作那么努力）。但我深知，只看到结果也改变不了结果，我换了个角度思考并意识到：失业可能恰好说明之前的岗位竞争力不强（容易被淘汰），这是我调整职业方向的绝好时机，失业反而给了我很多可能性。之前我做的是电视广告媒体策划的工作，但 2008 年，互联网行业已经蒸蒸日上，

① 仅为介绍思维多样性，不代表股市下行就一定要增加持仓。——编者注

新浪、搜狐、网易和腾讯已成为当时炙手可热的四大门户网站。于是我毅然决定尝试进入互联网行业，我给一些互联网公司投了简历。网易公司给了我面试机会，尽管未被录用，但这次面试经历让我看到了可能性。我想，如果网易公司能给我机会，为何我不可以试一试其他门户网站呢？于是我又给其他三家门户网站投了简历，同时总结网易公司面试的经验教训，把面试准备工作做得更充分了，结果被搜狐公司录用了。顺利进入搜狐公司，这是我职业生涯的一个非常重要的转折点，也为我后面的创业打下了基础，让我进入了一个全新的世界。

现在看来，是失业给我带来了机会和选择。由于我在“乐观和消极”之间选择了乐观面对，在网易面试失利后选择了继续给其他互联网公司投简历，才获得了一个成长性的新工作。后来的诸多事情也都不断印证着：你选择什么样的心智模式，就容易得到什么结果，而最终往往是抱着乐观、积极心态取得的结果更好一些。

学会“转念”面对人生，有时能获得惊喜。我们头脑中的淤泥、前行路上的石头，其实未必是前进路上的障碍。转换一下视角，转换一下心智模式，它们都可能成为我们前行路上的礼物。

后来在经营公司的过程中，我也同样观察到：对于同一件工作，能力相近的两个员工，选择不同的心态，不同的心智模式来面对问题，最终的结果也许截然不同。例如，有一次碰到一个要求很多、很严格的客户，销售 A 使用了各种手段“进攻”客户，最后的结论是：那客户油盐不进，很不专业，经常挂断我电话，是个暴脾气！同时，他认为其他人也不可能与这个客户顺利沟通。

这个客户后来转给销售 B 接手，B 没有急着和客户沟通，而是先大量收集客户信息，包括前面销售 A 的沟通情况反馈，然后再尝试约客户在方便的时间沟通。同时，B 提前准备好沟通方案，在沟通时又常常站在客户角度考虑问题，客户不懂的术语和专业知识，他都耐心解释。当客户情绪不好时，他会停下来倾听和安慰。了解到客户家里最近出了一些事情，他还想方设法帮着解决问题。听到客户的声音有点沙哑，B 便嘘寒问暖，买了清喉药闪送过去。就这样一来二去，这个“要求多”“暴脾气”的客户，竟然主动问销售 B 是否能合作，二人后来还成了很好的朋友。

面对同一个客户，选择用不同的心智模式与之沟通，结果天差地别。无论是自处，还是与他人相处，选择积极、乐观、进取、和善和谦虚的心态面对，多视角思考问题，我们往往会有意想不到的收获。

新路径和新世界

要通往新世界，你需要有新路径。旧的路径也许到不了新世界，它大多会在过去的世界里打圈。下面这些方法，可以帮你升级心智模式，找到新路径，通往新世界。

一、坚信一定有新路径。

这句话看似很简单，在现实生活中常容易被忽略。我们都习惯只走一条老路，以旧的思路去处理新问题，缺乏探索思维。

讲一个有趣的小故事。某知名大企业曾引进了一条香皂包装生产线，结果发现这条生产线有一个巨大的缺陷：常常会有盒子里没装香皂，总不能把空盒子卖给顾客吧！于是他们只得请了一个学自动化的博士设计一个方案来分拣空香皂盒。这位博士组建了一个十几人的科研攻关小组，综合采用了机械、微电子、自动化、X 射线探测等技术，花了近百万元，问题总算成功解决了。每当生产线上有空香皂盒通过时，两旁的探测器会检测到，并且驱动一只机械手把空皂盒推走。

后来，我国南方一个乡镇企业也买了同样的一条生产线，老板发现这个问题后大为恼火，找来一位小工说："你把这个问题解决了！"小工很快想出了办法：他花了 50 元买了一台大功率的二手风扇，然后放在生产线旁边猛吹风，最后空皂盒都被吹走了。

这个故事的真假不重要，重要的是这位小工能换个新视角、新路径想问题，这是非常难得的。

在旧路径走不通时，我们应当想到那句"条条大路通罗马"。如果把要认知的事物比喻成罗马，那到达罗马的路径其实有很多条，而不仅仅只有一条。心智模式的选择在本质上是一个路径问题，是一个选择问题、是一个视角问题，升级心智模式的第一步，就是坚信一定有新路径。

有一次去庐山，南线的主路被封了，我们发现原来走北线也可以上山，于是掉头驱车走北线，一路上欣赏了北线不一样的风景，最终到达了汉阳峰。我们的大脑有点像手机导航，在搜索目的地时会显示多条路径（可供选择），我们选择一条适合的就好了。这里有一个前提是，我们需要在大脑中多储备一些路径（心智模式），这样哪怕遇到某条路被封了、堵车了，我们依旧可以选择其他路径到达目的地。

二、勇敢探索更多的新路径。

我们青少年时期形成的很多心智模式，多依赖于父母和学校等环境，当走出校园进入社会时，家庭和学校形成的心智模式就未必适用了。但由于它们在之前20多年的时间里被不断地、反复地强化，我们已形成路径依赖，在思考问题时会不由自主地走到老路上，但走老路到不了新的地方。这个时候就需要我们勇敢探索新路径了，此时需要一点质疑精神，需要一点勇气和魄力，行动起来。当新探索的路径获得正反馈时，这条路径就显现了。**探索新路径是升级心智模式的第二步。**

当毕业后在北京工作到第四个年头时，我发现自己每天挤着地铁上下班、两点一线，努力工作，但依然看不到希望，也几乎能看得到自己职业的尽头。那时的我确实有点绝望，甚至想过回老家。但转念一想，既然来都已经来了，何不尝试探索一些新的路径，看看是否能够有其他的一些可能性和机会。

2010年的一次广州、深圳之旅给了我很大启示。一个刚毕业4年的同学说成交一个单子可以赚600万元，另一个同龄朋友说当年的营业收入是3亿元，这些对我触动很大。他们是通过勇敢探索新路径做成的一些事。于是我返京之后，利用业余时间开了一家淘宝店，主要经营门票业务。3个月后的一个深夜，有人在我的网店买了数百张电影票，那一夜我赚了开店生涯中的第一个1000元。这个千元之夜让我看到另一种可能性，一条新的路径在我的头脑中慢慢建立起来："只要勇于尝试，就有无限可能。"收入不仅可以来自工资，我可以利用业余时间做点兼职，实现另外一种可能，这也是我后来出来创业的火种。

当路径越来越多的时候，我们的可能性和机会也会越来越多，就不会被限制在某个固定的闭环或回路之中。如果大脑是我们的操作系统的话，那么我们在升级操作系统的同时，也能下载和更新不同的软件，我们也就有了更多解决问题的方法。每一条新建立起来的路径，其实也是一个新的应用程序，它能助力我们更好地应对这个快速变化的世界。

三、随时随地构建新路径。

也许你会问如果系统和软件都更新了，应当就差不多了吧。我发现那些优秀人物似乎没有多少个“软件”，甚至不使用“软件”。但他们却能不断创造价值，这又是怎么做到的呢？

优秀人物遇到的人和事物足够多了，并且在海量的人事交互中，逐步总结归纳了关键要素和底层算法，因此他们可以应对更多的问题。无论是生活中关于家庭、子女教育，还是工作中关于人才、组织、战略和文化的问题，他们都能迅速给出解决方案。他们的大脑特别像 ChatGPT，许多东西被储存在云端，一旦碰到问题，大脑就会利用云端数据开始“计算分析”，构建应对问题的解决方案。

形成新心智模式是一个阶段性过程，没有人可以一蹴而就。我们首先要清楚心智模式是不同的视角和选择，坚信有新的路径；其次就是通过学习和实践建立起新的、多样的路径；最后是掌握一些底层逻辑、底层算法，可以随时随地构建新的路径，应对生活中出现的问题，实现人生资产的增值。

《第五项修炼》中也同样提到，我们的心智模式是可以持续改善和重新植入的，通过觉察、改善、植入、检验，我们可以形成新的心智模式，并最终将新的心智模式植入大脑（见图 5-2）。

现在我们终于清楚了，原来那个阻碍我们世界发展的，就是我们的心智模式。阻碍我们心智模式的那堵“墙”也是可以被拆除的。只要我们以更加开放、多元的视角看待事物和他人，我们将有更多的选择机会。

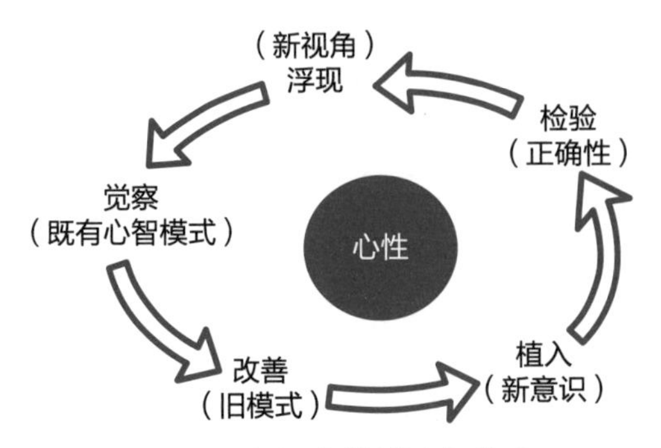

图 5-2　如何形成新的心智模式

同时，我们也清楚了，新的心智模式是可以被构建的。我们应坚信有新的路径，勇敢尝试，建立新的连接，看见一个全新的世界。

用心选择之后，我们的人生能否变成自己想要的模样呢？这需要我们把自己置身于一个系统，看看能否为这个系统贡献价值。

第六章

系统：做增量才有未来

你已经熟悉了人生之车的底层系统，如导航、探测、数据等，还应清楚外部的路况和天气。若只关注其中某一项，则车辆无法稳健运行。我们把这一切纳入一个系统，协调整合起来，才可以让车辆更好地跑起来。整合各部分的认知能力，可以帮助我们系统性地解决问题。

有一天，有个同学和我说他又和妻子吵架了。为了一件鸡毛蒜皮的小事，两个人陷在抱怨和指责对方的情绪之中不能自拔，他问我是如何解决类似问题的。这样的问题同样容易发生在公司里，本来是部门之间的一个合作讨论会，结果开着开着气氛就变得有些剑拔弩张，多方旗帜鲜明地亮出了自己的观点，最终不欢而散。在创业企业这样的事情是屡见不鲜的。

这些问题其实和其他事情一样，似乎有点积重难返，难以克服。例如，为什么我们在一些饭局上总觉得不自在，为什么持续经营一项业务如此困难，其实这些问题的本质，都涉及一个重要问题：系统思维。

现在，我们就一起来尝试彻底分析和解决这个问题。

看完前面章节的破局、大脑、本质、储备和心智，按理说，很多人已经对自我认知有了一定的了解。但日常生活中，还是会有人因为一些问题，掉进情绪和抱怨之中，甚至陷入争吵和指责，最终也未能解决问题，这到底是因为什么呢？是什么让我们陷入情绪、争吵和无序之中的呢？

是什么“击败”了我们

我们自以为很强大，却常常被击败。击败我们的三发“子弹”分别是站在某个局部的“自我视角”思考问题；忽略关联，没看到事物之间的紧密联系；习惯以“存量思维”思考问题。如图 6–1 所示。我们来分别看看这三发“子弹”。

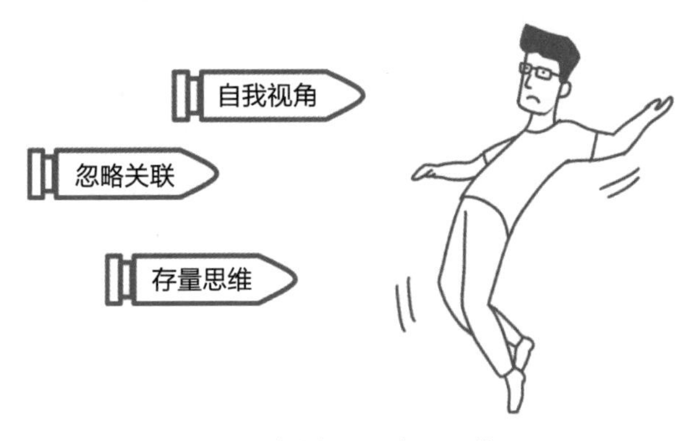

图 6–1　击败我们的三发“子弹”

自我视角

我们为什么会产生那些情绪、出现那些争吵？自我视角是第一发“子弹”，指的是站在自我视角，以自我利益为中心思考问题。对个体来讲，这本身是没有问题的。但是如果放在两个人之间、一个家庭里、一个公司里的系统中时，这样做则会出现问题。如果跳不出自我视角，我们就无法站在“两个人”“一个家”“一个公司”的系统中来思考问题。

例如，快过年了，刚结婚不久的夫妻很容易为回哪方家过年而争执不已。双方都觉得自己的家更重要，争着要回自己家。争执到最后大概率是闹情绪，一方迁就另一方，但心里总会不舒服。当心中有“我家更重要”的自我视角时，这个时候心中其实就是“两个人”“分裂的两家人”了。但只要转换一下视角，跳出你家、我家的自我视角思维，这个时候你会发现，就没有那么多争执了。和谐的夫妻都懂得一个道理：本来都是一家人，今年去这家，明年就去那家，协调好时间就可以了。只要把自我视角切换成整体（系统）视角，冲突和抱怨自然就消失了。

冲突和抱怨可能出现在很多场景：夫妻两个装修房子时，心目中都有一套自我视角的方案；恋人商量去吃饭、去旅行时，各怀自己的想法往往就会产生矛盾、情绪和抱怨。如果各自不能跳出思维局限，不能站在全局视角思考问题，往往就会被“鸡毛蒜皮”的事情左右，产生没有必要的情绪内耗。

在单位也一样，为了一个客户、一个项目、一笔奖金、一项荣誉，每个人都很容易站在各自利益上争执不休。这本身并没有错，但如果只站在这个自我视角看问题，不能站在整体（系统）视角思考和协调，也同样会产生不必要的内耗。

饭局上的别扭和不自在，也很可能是由于过强的自我视角导致的，担心自己的表现不够恰当，不说话会影响饭桌氛围，不敬酒别人会觉得我没礼貌，等等。想这些很正常，但饭局上更好的状态应当是：作为饭局的一员，融入其中就好了，不用担心别人是否在乎你的表现（别人其实也没有那么在乎）。这个时候，这种打开的、自然融入的状态，反而可以让你更放松、自在。

忽略关联

自我视角其实并不太容易觉察，因为我们觉得它是“天经地义”的，所以要认识自己确实很难。现在你有机会认识自己了，就有了变得更自立的可能。除了自我视角，我们还容易忽视系统之间的紧密联系。当我们被“自我视角”遮蔽时，就很难看到这些紧密的联系。这就像你用拳头击打一面墙，墙“受伤了”，但此刻击打墙的手也受伤了，系统之间是紧密关联、相互影响的。

这个道理看上去似乎每个人都懂，但确实需要用心理解。为了方便理解，我们还是以春节夫妻回家过年为例。

当和爱人争执不下，定不下来到底回哪家时，两个人此时的情绪是鲜明对抗的，此时一方的情绪也会影响另一方。对抗和抱怨只会加深各自的“怨气”。本质上，世界上并不存在绝对独立的个体，即使在同一系统中，多方（各要素）也都在相互影响。就如几个人聊天，有一个人讲了一个好笑的笑话，大家就容易开心起来。当你看到别人开心，就容易开心了。

不仅两个人、多个人可以构成一个系统，一个人的身体本身也是一个系统。

有一段时间，可能是由于每天投入过多时间在电脑前写作，我的颈椎（系统的一部分）酸痛，脖子只能左右转动 60 度。当时我急切地用了很多方法，尝试调理了好几个月，也降低了一些工作量，都不见效。后来我又发烧了一次，休息了半个月，几乎没碰电脑，彻底地放松和休养了一下，颈椎竟然完全好了。我开始时仅仅看到“颈椎”的问题，而没有想到颈椎和睡眠、营养、放松之间的紧密关联。那些局部的颈椎治疗，其实无法根本解决问题。这半个月的彻底放松，使我的身体系统慢慢恢复到正常状态，作为身体系统一部分的颈椎自然就好了。

身体是如此，生态亦是如此，所以会有著名的“蝴蝶效应”。两个人、一个家庭、一个公司、一个社会、一个星球，也同样如此。只有看到事物之间的紧密联系，我们才能更好地反观自己的行为，才有机会找到另外一些紧密联系的切入口，从根本上解决问题。

存量思维

击倒我们的第三发“子弹”是“存量思维”，也就是只看到系统中已有的东西（资源、能量、价值等）。这就像桌上只有一杯水，但是两个人现在都非常渴，眼睛都死死盯着桌上仅有的一杯水。此时此刻，他们的注意力完全被这杯水给“控制”住了，就很容易产生争执甚至引发争抢（没抢到的就陷入情绪和抱怨之中）。他们完全看不到，在不远处，还有满满当当的一大壶水，而且外边还有一口很大的井。

这杯水就是现实中引发我们情绪的那些“鸡毛蒜皮的小事”，就是那个引起争执的“小小的项目资金”。

在一个存量世界里，由于资源有限，战斗一旦发生，必然有人受伤。哪怕是暂时略胜一筹的人，也无法长期获得更多的利益和价值。

如同一个经济体，如果这个经济体内一切的生产和消费（吃、穿、住、行）都达到了一个饱和状态，例如大家只吃三餐，车有了，房子也足够住了，那这个经济体就进入了存量世界。在存量世界，资源就这么多，人口又在增加，要想过更好的生活，唯一的路径只能是做增量。

现在我们终于知道了，出现了争执的情况，很有可能你是被以上三发“子弹”击败了。一旦认清这三发“子弹”，你就可以找到破局之道，可以尝试打造自己的系统思维了。

看见系统，就有“破局”入口

一个人是一个系统，两个人也能构成一个系统，一个家庭、一个社群、一个公司、一个社区、一个国家、一个星球乃至无限的宇宙，其实都是一个密不可分、相互关联的系统。

当拥有这个独特视角时，我们解决问题时就有了不一样的切入口。

例如，患上难以根治的脚气时，人们可能只会盯住脚上的瘙痒处治疗，医治时可能也只是针对这一处抹点药，但往往其很难得到根治。因为不知道什么时候它又复发了。当你知道脚气只是身体系统的一部分时，你就可能想到其他关联路径：脚气会不会与饮食有些关联呢（据说是因为缺乏某类维生素），是不是因为不注意个人卫生引起的呢，是否和不勤换鞋、袜有紧密关系呢，等等。当能把“脚气”看作系统的一个局部问题时，我们就可能找到根治“脚气”的多种方法，而不仅仅只会抹药。

当知道两个人在一起，就是一个密不可分的系统后，我们就没有“我家”“你家”之分了，因为“都是我们的家”。春节过年时，你也能会更好地理解对方，不会因为去哪一家而产生矛盾。

当你能站在公司视角，而不是仅仅是自我视角或部门视角考虑问题时，很多看似不可解的问题，你也能游刃有余地面对了。10 多年前，我在搜狐公司的商务部门工作，当时我的主要工作是把 App 预装到各大手机厂家的产品中去。因为不同手机厂家会有些差异化的定制要求，需要产品技术人员配合开发。正巧，产品技术部门到了月底也有新版 App 迭代上线的任务。这个时候你会怎么办？如果此时只是站在自己的商务部门角度看问题，说要优先解决预装定制问题，产品技术部门可能不会同意，因为他们有产品新版 App 迭代上线任务。这时，如果各自站在自己部门角度，问题就难以解决了。

我知道问题肯定不容易解决，于是我找到了移动事业部总经理，和他讲述了快速获取新用户是搜狐公司的核心战略，而且在手机厂家渠道上优酷、爱奇艺、腾讯视频这 3 个 App 竞争激烈，能争取到一个大厂的合作机会非常不容易。新版 App 迭代上线确实也重要，但在此关键时期发展新用户更为重要，建议优先完成定制开发要求，延后 1 个月再发布新版 App。总经理采纳了我的建议，第二天就组织商务部和产品技术部开了一个短会，阐明了目前阶段的战略重点，并让产品技术部抽调部分人手支持厂商合作，确保开发完成。这款手机后来也真的大卖，给搜狐公司贡献了数十万的新增用户，给公司整体带来了较大价值，我还因此获得了公司的嘉奖。

你现在可以清楚地看到，如果跳出自我视角，站在事物关联的系统视角，你会发现很多问题解决起来并没有那么难。躲开那三发“子弹”，跳出局限，我们就获得更多的新路径，更好地、游刃有余地解决问题。

我能为系统做什么

系统思维能给我们提供一些解决问题的思路，进而帮我们减少内耗，在存量系统里面，帮助我们保持一个相对平衡和稳定的状态。那是不是到此就结束了，当然不是。在一个存量的系统里面，平衡、稳定有时代表着停滞不前、没有活力。那么此刻，我们能为系统做点什么呢？

答案是做增量。

那些真正的优秀人物、那些创业家或古今圣贤们，他们不是仅仅停留在理解他人，或者只是解决目前系统存在的问题的层面上，他们还在做其他更重要、更有价值的事情：**想尽一切办法，激活这个系统，为这个系统创造更多的增量，让这个系统有更强的生命力和活力（见图6-2）**。就像那对回家过年的新婚夫妻，他们不仅心情愉悦地回家过了年，而且带上了很多年货以及真心诚意的祝福；之前盯着内部奖金的团队，他们现在正把更多的目标聚焦在外，争取更多的客户，获得更好的发展。

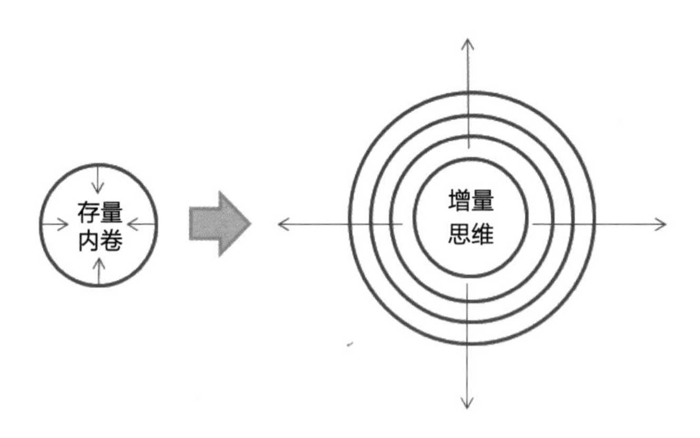

图6-2　增量与存量

这些都是在给系统做增量，让这个系统不仅处于一个稳定的存量状态，而且变得更大、更有活力。个体在为系统做增量的过程中，自己也能获得更多的能量，实现自我的人生价值。

前文那位为“鸡毛蒜皮”的事情与妻子吵架的同学，我当时建议他：“你得先跳出‘自我视角’，看到你俩其实处在一个系统（家）之中。抱怨是无济于事的，只会让系统越来越脆弱。你们需要的是相互理解，这样就没有那么多情绪了，关系也就能相对稳定了。”

他说：“这样就可以了？”我继续说道：“这样还不够，你需要更进一步，为你们的系统（关系）做增量。这更为重要，例如你之前不愿意真诚地夸奖妻子，现在你可以多夸夸她，多给她一些拥抱，让她感受到你的爱和温暖。这就是为系统做增量。当你真心行动时，她也一定能感受到，形成（关系）系统的正向反馈。这样，你们的关系就会更加亲密，更加牢固！”

后来他实践了一段时间，果然有了不小的起色。在后来的一次聚餐时，我发现他们的关系亲密了不少。这并不是因为我能为改善夫妻关系支招，而是因为我也经历过“鸡毛蒜皮”的阶段。后来发现，站在对方、站在关系（系统）的角度，多理解对方、真诚沟通、多赞美和拥抱，确实能够提高夫妻之间的亲密度和幸福感。

夫妻关系是如此，职场上也是这样。我发现那些优秀的员工会关注之前合作过的存量客户，但很少因为存量客户少下单而抱怨，也并不多么在乎能否评上优秀员工。他们会把更多的精力聚焦在未来的目标上，聚焦在增量上。他们从新年伊始就开始积极拓展新客户，为业绩做新的增量。他们深刻懂得，只吃“老本”没有未来，做好增量才有更好的未来。

无论是我的同学、那些优秀员工，还是其他的利他主义者，能跳出自身视角局限，站在一个更广阔的视角思考问题，持续为身处的系统做增量，对于本人、他人和系统的发展都是最佳方式。我们的目的不是在静态的存量游戏中赢得博弈，而是通过自己的努力和付出，创造更多的增量价值。

相信没有人希望停留在一个停滞不前的存量世界里，更没有人喜欢一个抱怨、冷漠的减量世界。我们渴望一个快乐、温暖、幸福的增量世界，有增量才有未来。

如何创造一个增量世界

事实上，任何人都可以为身处的系统做更多的增量，进而创造一个全新的增量世界。这远比你想象的简单得多，以下几点建议可以助力你成为增量的创造者。

一、心中不仅有自己，同时有他人、有系统。

这是做增量的前提条件，人们都生活在一个个系统中。处于系统中的我们，都和他人有着密切关联。如果仅仅是站在自我视角思考问题，想法极可能是偏执和片面的，很可能给他人带去伤害和痛苦。

我们在和家人、同学、同事在一起时，其实和他们也构成了一个个系统。如果只是想着自己，很少考虑他人和系统，那是很“危险”的。因为系统中的其他人是不会为你的自私自利买单的。系统因素是相互关联的，你如何对待别人，别人也会以同样的方式对待你。在一个系统里，你是愿意帮助一个精致的自私者，还是喜欢帮助一个真诚的、关心你的、为系统做增量的人，答案不言自明。

这就要求我们在关注自己的同时，也要多考虑他人，多想想系统。系统中的人是相互影响的，我们为他人做增量，相信他人也会为我们做增量。

现在的自媒体确实提供了很多有价值的资讯和娱乐信息，但你也能看到一些不顾大众需求，为博得眼球和流量，以及夸大其词、使用各种包装的“利己主义者”，这样的“流量大V”“知识博主”尽管能获得一些流量，但他们本质上并没有给社会系统做增量，反而消磨了人们的耐心和精力。

二、时刻想着做增量，将蛋糕做大。

心里有了他人、有了系统思维之后的第二步，就是想着做增量，就如对爱人、父母、孩子的包容、理解、支持和赞美，都是在给你们之间的关系（系统）做增量。对方也会因为你的理解和支持，给予你更多的正向反馈。系统中的人（因素）是相互关联的，能量也会相互传递和转化。

在一个微信群里，提供一些有价值的信息，不是炫耀、不是广告，而是默默关心他人，那就是在做增量，就是有价值的。我们大学同学有个微信群，至今还有同学记得其他同学的生日，在同学生日时会送出祝福。即使作为旁观者，你也能感受到那份情谊和温暖，这一简单行为本身就是在做增量。

创业者和企业家的使命也一样，他们本质就是通过公司系统（用有限的人力、物力和资金）优化配置资源和进行创新，把蛋糕做大，为社会系统提供更多商品、更多的就业岗位和税收，创造更大的经济和社会价值。这就是在给社会系统做增量。

三、每个增量都从细微处做起。

创造增量并不是要你创业，也不一定要做很大的事情，你完全可以从身边的小事做起。例如，一句真心的赞美，一个温暖的拥抱，一句给加班同事的“辛苦了”，参与一次献血或其他小小的公益活动，都是在为系统做增量，都是值得赞许的事。

有一次，我们几个老同学一同去同学A家作客，正好A的父母、儿子也都在。其中有位同学B无意间说了一句赞美的话，说A当初在学校期间表现特别优秀，是同学们的楷模。此时，A的父母露出了欣慰的笑容，A的儿子也很惊讶。就这样一句简单、诚恳的赞美的话，B很乐意说，A听到时也很高兴，A的父母也十分欣慰，A的儿子也看到了爸爸的优秀，所以在当时的那个场合、那个系统中，这一句赞美就是一个强有力的增量行为。

如果把身体当作一个系统，那你就知道，好好睡觉或者一次小小的锻炼就是一次为身体做的增量。如果把和爱人的亲密关系当作一个系统，那每天一个小小的赞美和拥抱，也是对亲密关系的一次增量。如果把创业公司当成一个系统，那每一次为客户的付出就是一次对系统的增量，你的付出可能为公司带来一点利润、创造了税收乃至产生其他社会价值。

不要小看了任何一次小小的增量贡献，正是它们的累积过程构成了这个幸福美好的世界。

跳出自我视角，拥有系统思维，为系统做一点点增量，你就是这个增量世界的贡献者！

行动力篇

倍速前行

行动力，是人生之车的操控系统。

去哪儿？如何去？怎样抵达？

我们应优化每个操控动作，争取自己想要的结果！

第七章
目标：大胆想象的谨慎游戏

让一艘没有方向的船毫无目标地航行，会动力不足，也会浪费资源。在人生前行的路上，我们该如何设立目标呢？

大家喜欢设立目标，为什么总是实现不了？希望我的小故事对你能有一点启示。

2013 年年底，我在日记本上写了这样一句话："明年，我一定要赚到 100 万元！"是的，这个曾经身无分文、四处闯荡的我，竟然有了这样一个如此"疯狂"的目标。但也是在那一段时间，我动力十足，每天坚信着"我一定能够，也一定可以"。

大胆想象

是的，没有谁能限制谁不可以大胆想象。就如马斯克想象有一天人类可以移民火星。人类的发展依靠想象，技术的发展亦是如此。尹烨博士说，所谓技术就是在过去异想天开，今天勉为其难，而明天习以为常。技术的发展同样源于大胆想象。

实现目标，第一个核心要素就是大胆想象

你的目标，是需要大胆想象的，它未必要合理，未必要经过精密测算，为什么呢？因为目标本身就是一种对于未来趋势的大胆预测，谁敢说预测一定是合理的，又一定能准确呢。目标同时也是一种强有力的决心和魄力。你想象要去哪里，你决心要做什么，目标都会蹦出来。决心又怎么能用“合理”“精确”这些词来衡量呢？所以在一定程度上可以说，目标是“拍脑袋”拍出来的。

身边的很多朋友，在设立目标时容易畏手畏脚，缺乏想象。生活的压力已经足够大了，加上很多事情都没有见识过、经历过，于是他们不敢想象了。不要说上火星了，身处大城市的他们，周围的公园可能都未曾想过要去吧？一旦缺乏和丢失了想象力，人们的目标感就容易弱化，生命将变得了无生气。

当时如果我没想过“一年一定要赚到 100 万元”，那我绝不相信我能赚到 100 万元。因为我连想都没想过，“上天”肯定也无法“感应”我的想法，又如何去给我打开一扇窗，助我一臂之力呢？

现在回过头认真分析，当时的“大胆想象”，确实是对未来的大胆预测，但是也不完全是“无中生有”。2013 年前后，移动互联网风起云涌，智能手机开始呈现爆炸式增长趋势，势不可挡。我当时又正好有很多手机厂家的推广资源，这些资源又是当时需要获取用户的 App 所急需的（当时的资本市场极为看好各类 App）。当时我敢于想象，对未来趋势有着大胆预判，也相信自己是有机会达成目标的。还有另外一个原因，当时我身处深圳，这个城市创业氛围非常浓厚，在这样的环境中耳濡目染，看着周围的朋友们正迅速崛

起，我也情不自禁地让自己的想法更大胆一些。

著名投资人、软银集团的孙正义说，所有的成功，都源自不切实际的梦想和毫无理由的自信。你或许会觉得此言过于夸张，但你有没有发现，身边那些取得了一些成绩的人，大多是敢于想象的人。

事实上，每个人其实都有大胆想象的潜质。就如我们小时候的那些梦想，它们已经被尘封了许久，是时候抹去灰尘，大胆发挥我们的想象力了。

你是否大胆想象过这些时刻：向一个钟情的男孩（女孩）勇敢表达，最终携手步入婚姻殿堂；自己拥有一间独立办公室，创立一个世界级的品牌；自己有一天，带着心爱的家人一起周游世界……

路在何方

目标如果仅是大胆的想象，那就只是“想象”了。想象仅仅是描绘的一个蓝图，它确实有其意义，但蓝图的实现，必须要有清晰可见的路径，**所以实现目标的第二个核心要素是有清晰的路径（战略）**。

2014 年，我在优酷负责手机商务合作。优酷要在移动互联上取得重大突破，实现和几个手机厂家的强强合作。我当时对领导承诺：我们一定可以拿下和魅族手机的独家合作（那几年魅族出货量很大）。领导问：“思平，你凭什么？”要知道，当时腾讯视频、爱奇艺这两个 App 已经和魅族建立了合作关系，魅族凭什么要和优酷建立独家合作关系。

此刻，我需要做的不是质疑能不能完成独家合作任务，而是把路径一一梳理清楚，说服领导给我相应的资源支持，达成目标。于是我和领导们说：“第一，魅族最重视的是用户体验，合作产品都需要做魅族 Flyme 系统的定制适配，而很多大公司如腾讯等不能提供很好的适配。如果我们做了，并且做到最好，就可以创造合作机会。第二，魅族用户群体年轻有活力，和优酷的定位非常吻合。优酷又有《火影忍者》等年轻用户喜欢的独家动漫播放权，可以提供一定免费期限的 VIP 播放版权让魅族用户独享，魅族当然无法拒绝这种条件。第三，我们可以配备一个小团队，直接去魅族驻点配合服务，确保项目的快速响应和落地。”

就这样，把路径想清楚之后，我呈报给了领导，方案很快就通过了。此外，当时阿里巴巴公司也正好投资了魅族和优酷，我还借机安排优酷副总到珠海拜访魅族的副总，十分具有仪式感，让双方都看到我们满满的诚意。随后我就开始协调资源全力推动，历经半年的努力、沟通、协调，终于拿下和魅族手机长达两年的“独家合作”，双方都非常满意，当初看似不可能的目标最终竟然达成了。

作为商务合作的管理者，我需要做的是想好路径，而不是找借口，从而全力以赴助力上级达成想要的结果。在职场中，我们需要做的其实很简单，就是接住目标，寻求资源协助，最终达成目标。

在个人生活中也一样，我们都梦想着成功，这当然非常好。但当有了目标后，我们需要静下心来，思考成功所需的路径是什么？实现这些路径的资源在哪里？

真抓实干

有了路径，准备好了资源，最后就是行动了。而往往这临门一脚，是很多人都做不到的。

我见过很多会讲的人，他们也很有想法，描绘的蓝图很炫目，听完之后有时甚至让人热血沸腾，但接下来就戛然而止了，蓝图和目标成了一纸空文。时间一长你就会发现，只说不做的人，取得的结果大都普普通通，因为没有行动的目标就是零。目标和路径确定了之后，其实就已经和“想象”没什么关系了，此时的关键是为实现目标安排一系列的具体行动。

写完“创富百万”的目标后，我没有歇着，立即投入“创富”这项工作。白天专心做主业，确保工作顺利开展，当时的手机 App 预装工作也做得非常不错。晚上我全力以赴做副业，和更多的手机合作渠道谈合作，并帮他们寻找更多有需求的客户。我把自己数千个微信好友进行了整理，谁有推广资源，谁又有推广需求，用表格按组别一一列出来，然后逐个联络，并将供给和需求做一个有效的整合，赚取一点微薄的差价。由于口碑不错，很多朋友都来找我帮忙，每天工作我都充满激情，忙得不亦乐乎，几乎每天都忙到凌晨，并且我会在睡觉前将第二天要做的事情提前列好。我每一个行动都非常有力，就这样不到一年的时间，副业收入竟然就达到了百万元。

很多时候，我们的目标没有实现，常常会抱怨是自己目标定得太高等原因。其实此时我们更应当静下来扪心自问，自己做了多少，真正为目标付出了多少，又在这一过程中改善优化了多少。

管理学学者陈春花在《管理的常识》一文中说：“计划管理的对象是资源，资源是目标实现的条件。”从某种意义上讲，计划管理其实就是一套行动方案。没有行动的计划是无效的，没有计划的行动是盲目的。

此刻，我们终于知道，原来实现目标如此简单，**实现目标 = 大胆想象 + 清晰路径 + 有力行动**，如图 7-1 所示。三者缺一不可，没有想象力的目标会缺乏吸引力，也没有挑战性；没有清晰路径的、没有资源支持的目标也只是一纸蓝图，想清楚了路径、胸有成竹之后，目标方有实现的可能性；坚定有力、持续不断地行动，是目标实现的临门一脚。有力行动也是完成大胆想象的最直接路径。

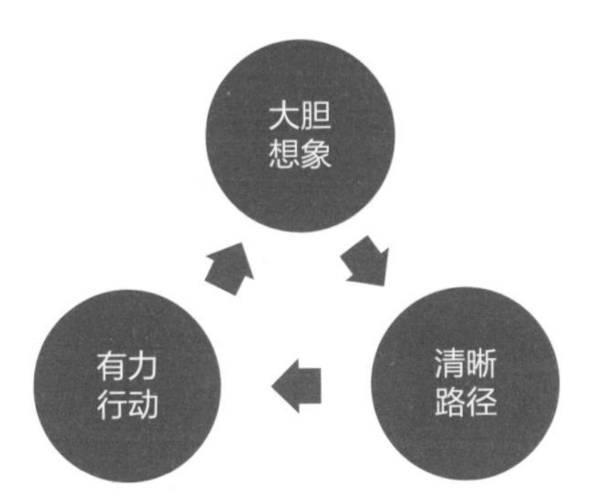

图 7–1　实现目标的三大核心要素及关系图

实现目标小贴士

在寻找、设定、实现目标的过程中，我们可能常常会碰到一些小问题。以下三个小贴士，可以助力你更好地寻找、设定和实现自己的目标。

第一，寻找和设定目标时，需要找到一个足够刺激的点。

这个点很有可能是你最爱的或者最痛的点。事实上，很多真正的改变都是从最爱或最痛的点开始的，就像只有在生了一场大病或动了一次手术后，你才可能真正重视健康；在社交场合发现由于自己口齿不清、不懂表达令别人扭头就走，自己被冷落时，你才能真正意识到表达能力是多么重要。

只有那些能够不断刺激你的目标，才是真正会起作用的目标。不要急着设定目标，一定要经过酝酿和积累，找到一个足够“爱”、足够“痛”的点，你再考虑设定一个目标，目标的设定切忌随意。

目标设定是否合理，这里有个非常好的参考指标：在看到、听到目标后，你会不会心潮澎湃、会不会有点兴奋、会不会有了一点力量和动力。如果答案是否定的，那你就要调整这个目标，如果答案是肯定的，这个目标就是对的目标，就像当初我只要一想到“一定要创富百万元”时，就异常兴奋，充满力量，特别想去行动。现在你可以好好回想一下了，你的目标足够刺激你自己吗？

第二，实现目标的过程中，需要保持适度的弹性。

这个世界上唯一不变的，就是变化本身。新的目标有新的制定背景，所以在实现的过程中，可能很多旧办法就未必适用了。这时你就需要思考调整和优化之前的办法，因为老路到不了新地方。

目标本来就是对未来的大胆预测，在实现过程中一定要有能够应对可能出现的异常和风险的方案，以应对万一出现的和预测判断不一样的情况。前面说到，实现目标 = 大胆想象 + 清晰路径 + 有力行动，出现异常情况时，最容易被推翻的是想象，这是不对的。你可以先从动作开始调整，然后再考虑是否可以调整路径和资源，不要先否定想象，这样做等于推倒重来，往往容易前功尽弃、功亏一篑。也就是说，你应当做的是在动作上、路径上多想办法和解决方案，“目标写在钢板上，方法写在沙滩上”。

不要轻易动摇和否定目标，因为它代表了你的决心。实现目标过程中用的方法可以相对灵活、机动，保持弹性。

有个名叫瑞恩的6岁男孩，他听说非洲一些地方的儿童因为得不到干净饮用水而死亡，于是许下愿望：要为儿童修建水井。刚开始时，他的办法是通过打扫卫生获取报酬来积攒资金，4个月后，他只积攒了70美元，但修建一口井需要2000美元。他意识到用这个方法达成目标速度太慢了。于是他调整了路径和方式，目标还是要为儿童修建水井。他开始用演讲的方式向身边人募集善款，还向一些公益组织请求支持。这一次，他终于攒够了2000美元，修建了他的第一口水井。在这之后，瑞恩又想了新办法：在家人的帮助下成立一个“瑞恩的井”基金会，还为这个基金会建立了一个网站。到瑞恩14岁时，“瑞恩的井”基金会已经为14个国家修建了319口水井，超过50万人用上了瑞恩提供的干净饮用水。

瑞恩的愿望和目标一直没有变。他通过不断调整路径和执行方法，创造了一个又一个奇迹。其实我们也一样，只要多思考、多想办法，也一样能够实现自己的目标，毕竟方法总比困难多。

第三，实现目标的过程中，保持定力，切勿急于求成。

实现目标的过程中很容易出现这些情况：走着走着就偏了，走着走着迷失了，走着走着不想走了。这时候往往是情况出现了一些变化，或是周围出现了新的诱惑，或是觉得目标再努力也达不成了，还不如干脆放弃。

这个时候，我们应该停下来，好好复盘一番，别急着抱怨和放弃。看看当初为什么设定这个目标，初衷是什么？

就拿写这本书来说吧，我花了很多时间，改了很多次稿，在这个过程中有非常多的反复，许多次我都想放弃了。但这些时候，我就会回想自己写作的初心：我一定要把这近20年关于“成长、职场、创业路上的经验和教训”做一个系统的梳理，分享给更多人，希望对他人有所帮助。我一定要写成这本书，我也一定可以写成这本书。每当想到写作的初心，我又会重新打开电脑，开始思考和撰写，就这样，我最终完成了您现在读到的这本书。

困惑时，我们可以停下来，看看自己当初为什么出发。同时，也可以阶段性复盘一番，检查哪些地方可能走偏了，是否还有可以改进和完善的办法，切勿急于求成、半途而废。

梁冬老师说过一句话：一条没有方向的船，吹什么风都是逆风。只要我们看清楚了方向，所有的风，都是可以推动我们前行的风。保持方向，保持定力，我们就一定可以到达想去的地方。

现在，我们再回过头来看看开篇的问题：为什么总是喜欢设定目标，却又总是实现不了呢？

我们知晓了实现目标的三大核心要素、三个小贴士之后，就能知道答案了。很可能是设定的那个目标缺乏大胆的想象力，缺乏足够的刺激，让我们不够兴奋；没有想出实现目标的清晰路径，没有整合资源；你没有持续地行动，行动中太执拗了，缺乏弹性，不够灵活；或者是我们忘了抬头看路或急于求成。

总之，现在你是一个目标诊断高手了。你知晓如何设定自己的目标，也知道如何实现自己的目标了。

人与人的本质并没有那么大差别。只是有些人，能把自己当作资产，在一次次的目标实现过程中，不断增值，完成自我的升级和蜕变。我们也可以重设自己的目标，在新的目标实现过程中，完成自我升级和蜕变。

第八章

尝试：失败很苦，没尝试会更苦

在前往目的地的探索中，人生之车可能碰到很多路口，我们可能偶尔走错甚至遭遇危险，但我们并不能因此止步不前。我们需要做的是在尝试中不断迭代、复盘前行。

“如果你没有尝试、没有犯错，你的行动就不够快，也会没有方向！”说这句话的年轻人在 19 岁时，为了方便同学们交友，和几位大学同学尝试创办了一个交友网站。网站前 3 个月的运营支出是每个月 85 美元，主要用于租赁电脑。如今，这个交友网站的市值超过 5000 亿美元，其创始人正是 1984 年出生的马克·扎克伯格。近几年，扎克伯格又开始涉足互联网前沿的元宇宙，敢于尝试是扎克伯格的一个突出特点。

有位 20 岁出头的年轻人，在失恋之后，实在忍受不了失恋的痛苦，准备自杀。这时，他看到桌上的纸和笔，于是拿起笔，尝试把最近的遭遇和感受写了下来，结果这一尝试竟然没能停下来。6 周后，一部《少年维特之烦恼》诞生，这位年轻人正是歌德。

敢于尝试是通往无限可能的捷径之一。

你可以做个简单的调查，问一问身边那些取得了一些成绩的朋友，他们是如何获得成功的。我敢肯定，其中必定有一个非常重要的答案，就是敢于尝试。

为什么受伤的总是我

说起来轻巧，做起来可不是容易的，刚刚尝试就受伤的情况也屡见不鲜。生活中，碰到稍有挑战的事情，我们往往容易出现畏难情绪，不愿去尝试，这是出于什么原因呢？

不愿尝试做一件从未做过的事情，总会有千百种不同的理由。**这些理由归根结底只有两个：一是阻力太大，我们心里产生了恐惧；二是动力不足，或没有获得足够的正反馈。**

不愿尝试的一个原因主要是恐惧。

恐惧是担心做不好，担心做不好自己会难受；担心做不好别人会投来异样的眼光和发表负面评价。其实，恐惧只是我们的一种不自知的惯性，是过去经验在未来的一个投影，是我们对这个投影的担心。假如你失恋了，很受伤，同时还遭到别人“鄙视”，这种感觉非常不好，所以在尝试再次恋爱时，你就特别不想把事情搞砸，特别希望把它做好（因为如果做不好，不好的感受又会重新降临）。此时，你已经被“做不好会痛苦”这个恐惧的惯性挟持和控制了。你对“一定要有好结果”有一种强烈的执着。

有尝试的心态其实就是抓住了事物本质，不对未来设限，不对未来执着，也不去想如何做得完美，而是先做做看，做了才有可能和机会。就如扎克伯格的一句名言“先完成，再完美”，他们在开发脸书早期版本时就是这样做的，不对结果预设和执着，先勇敢去做，然后再持续迭代和优化。**由此可见，尝试的内核是好奇、是勇敢，是不被过去的经验和当下的条件所束缚**。这本身就是对“封闭自我”“想象不犯错”的巨大突破。

同时，我们也要正视恐惧，它也并非我们想象的“洪水猛兽”。它是人类进化过程中的自然选择，长期以来保证了人类的生存和发展。远古时代的人类，经常遭遇洪水和猛兽，对面树林里有一阵晃动，他们就会高度警觉，感到恐惧，做好了战斗或逃跑的准备。在远古时代，这种“恐惧基因”很好地保护了我们的祖先，这一基因因此遗传了下来，保存在人类的潜意识中。哪怕是 1 岁的孩子，也天然地害怕打雷、蛇等，这种恐惧的基因，早已在人类基因中存在数百万年之久了。

宾夕法尼亚大学有项调查研究显示，我们心中 95% 的害怕、担心的事情，都没有发生。所以我们完全可以大胆去尝试，因为恐惧很可能只是我们自己制造的一种心理投影而不是真实存在的危险。

不愿尝试的另一个原因是动力不足。

没有足够的爱，没感受到足够的痛，或是没有获得足够的正反馈，都可能导致尝试的动力不足。

正如前文所说，真正的行动和尝试，往往需要一个足够刺激的点。只有当你足够爱或是够痛时，才可能行动起来。如果你最近特别爱读奇幻小说，你会抑制不住地尝试找该主题的书籍来读；特别喜欢听摇滚，你就会主动去搜索摇滚乐来听；特别喜欢一个女生（男生），就会尝试一切办法和她（他）取得联系。痛也一样，如果体检“三高”没有让你很难受，你就会睁一只眼闭一只眼，只有当自己躺在手术台上，只有当自己“胖”到自己都无法忍受时，你才会开始真正尝试合理饮食和锻炼。**没有足够的爱或足够的痛，真正的行动是难以发生的。**

动力不足的另一个原因，是没有获得足够的正反馈。这有点像是悖论，因为没有尝试就没有正反馈，只有获得更多的正反馈时，你才愿意更积极地尝试。就如你刚开始炒股时，一个月就获得了 30% 的收益，这个时候你很容易变得更“勇敢”，愿意大胆尝试并下更大的筹码（然后在收到“负反馈”时才开始收手）。正反馈能激发我们尝试的意愿，强化我们尝试的动力。

动力不足时，我们可以不断去寻找那些足够爱或足够痛的点，找到那些能给我们正反馈的点。这样，我们就会更加有动力，变得更加积极、主动、敢于尝试。

事实上，你生来就是一个“天选尝试者”，只是你浑然不知而已。

天选尝试者

人类的进化史，也可以称作一部“尝试史”。从爬行动物到直立行走靠的是尝试；从无数种植物中，发现水稻和小麦靠的是尝试；从与其他动物的对抗博弈中，驯化出牛羊等家养动物也是一种尝试。毫不夸张地说，没有持续不断的尝试，就没有如今的人类。

当然了，尝试确实很难。因为它存在一定风险，面临诸多不确定性，需要我们突破束缚自己已久的局限。但世界上本就没有什么事情是绝对安全、万无一失的。不尝试我们就只能停在原地。而那些敢于尝试、勇于尝试的同龄人，早已绝尘而去。

永远待在舒适区，总有一天你将不再舒适，尝试才是创造机会和各种可能的良方。如果没有下面这次经历，我的体悟可能也没有那么深刻。

对一个来自偏远小镇的我来说，毕业后来到北京，进入一家知名的互联网公司，看上去还是很“舒适的”。2010 年年底，在一次旅行中，我拜访了几个朋友，他们在自己的行业里已经风生水起，他们的经历给我打开了另外一扇窗。我是不是可以尝试做点什么呢？

返京之后，我利用业余时间开了一家淘宝店铺，尝试卖各种场馆门票和电影票（当时的美团刚刚成立）。3 个月后的一晚，我的销售收入竟然有数千元，一晚的利润就超过了 1000 元，那一晚我兴奋不已。我觉得人生有无限的可能。这也是我后来决定来深圳创业的一个重要转折点。

从职员到创业者，这算是一次较大的“跃迁”，是勇于尝试改变了我。我能做到的，相信你也一定可以做到。因为，你我皆是“天选尝试者”。

真金还需经火炼

尽管你也是“天选尝试者”，但是我们每个人依旧被沉重的惯性所束缚，被现实的环境所牵绊，身上穿的“盔甲”太厚，安于暂时的安逸，不愿意打开自己、不愿意尝试。尝试可能让你很痛苦，但如果不尝试，很可能在未来某天你会更痛苦。所有的改变和目标达成，必经尝试之路。真金还需经火炼。

尝试的过程是无法直接跨越、无法省略的过程。就如我的“淘宝创业”故事，必须经历一段时间的“火炼”，它可能并没有那么轻松，因为尝试本身就是一个蜕变的过程。

相对“重大灾难”的来临，勇于尝试有时是成本最低的选项，而且越早越好。

就好比我们不要等到抱恙之时，才想到应该锻炼身体、控制饮食，而是应在很早的时候就树立健康意识：尝试着慢跑、有氧健身、合理饮食、保障睡眠等，让自己早早走在健康的路上。如果真到了上手术台的那一天，代价是巨大的。

再如在职场中，我们常常会想我该不该转行？这个问题很多人拖了一年、三年、五年，甚至一辈子都没有尝试行动起来。等到自己想明白要转行了，可能有各种因素导致自己很难转行了，留下了无限的遗憾。

为何不在可以转行的时候，多做一些尝试呢？我对此有切身体会。

我在工作第 3 年的时候，发现电视媒体开始式微，而互联网逐渐崛起，于是我开始思考有没有新的可能性。当时，和我一同在电视广告公司的同事有不少也想换个行业，但就是迟迟没有行动。而我想好了之后，就开始积极尝试投简历给一些互联网公司，最后有幸加入当时的四大门户网站之一的搜狐。

在搜狐工作到第 3 年的时候，我发现广告策划工作有明显的天花板。我认为在北京这样一座大城市，这个工作是没有未来的。经过观察，我发现商务和销售才有更多的弹性和创富机会，于是我开始尝试留意和寻找各种转型的机会。结果有个负责搜狐商务合作的岗位出现了空缺，我就抓住这个机会，放弃了已经拥有的 5 年广告策划经验，从零开始转型做商务。也正是这个商务岗位，让我后来积累了大量的推广资源，成为我创业时最重要的筹码。

很多人说得很多，但真正要尝试的时候就退缩了、胆怯了。因为他们现在身处“安全舒适区”，尝试总是要冒一定风险的，但你只要认真想一想，有哪个行业是真正“安全”的？我在电视广告公司的许多同事，其实都比我优秀，但由于没有做一些尝试，至今还在做之前的策划工作。现在再想转型就有些困难了，如果在 10 多年前尝试改变，那时的成本一定是最低的。

这是我在职场中，在逐步尝试中体验到的一点“甜头”。当我们有意向转变时，对正在做的事情毫无感觉时，就应当挣脱束缚，离开自以为的舒适区，迅速尝试转变。如果总是怀着等待、拖耗的心态，最终的结果很可能是依旧停留在原来的“舒适区”，而这个“舒适区”到明天可能就不那么舒适了。勇于尝试，早日尝试，我们就能以更低的成本找到属于自己的最佳位置，更好地适应这个时代的变化和发展。

尝试的本质是一种挣脱束缚的勇敢行动，也是一种改变自我成本最低的方式。如果你觉得自己应当去做些尝试，做些改变，那就从现在开始吧。

如果觉得大的尝试、大的改变很难，那也没关系，从小的尝试开始，从一点一滴开始。现在回过头来看我这一路的历程，其实几乎都是从小的尝试开始的。例如我在大学尝试着创作一件件广告作品和摄影作品，在大学毕业时有机会举办了人生第一个广告摄影展。我也是在尝试了跑完 1 千米、3 千米、5 千米、10 千米后，才敢于尝试半程马拉松、全程马拉松；在尝试独自走完一个城市后，才敢尝试独自去往第二个、第三个城市，最后用 10 年走遍全国大部分城市。

最终你会发现，从身边的小事开始尝试，你将成为奇迹的制造者。你也会在尝试中，变得更了不起。

成为了不起的你

尝试其实并没有那么难，只是需要我们在心理上冲破恐惧这个阻力，找到一个更强的动力。我们每个人都是“天选尝试者”，只是一些心理障碍、一些强大的惯性蒙蔽了我们想要尝试的心灵。尝试是通达目标的必由之路，也是代价最低之路。我们完全可以从身边、从做到小事开始尝试，就如心理学家李松蔚老师说的，我们每个人都是可以改变的，可以先从 5% 的尝试开始。

我有三点体悟分享给大家，希望能助力你更好地尝试，成为了不起的自己，如图 8-1 所示。

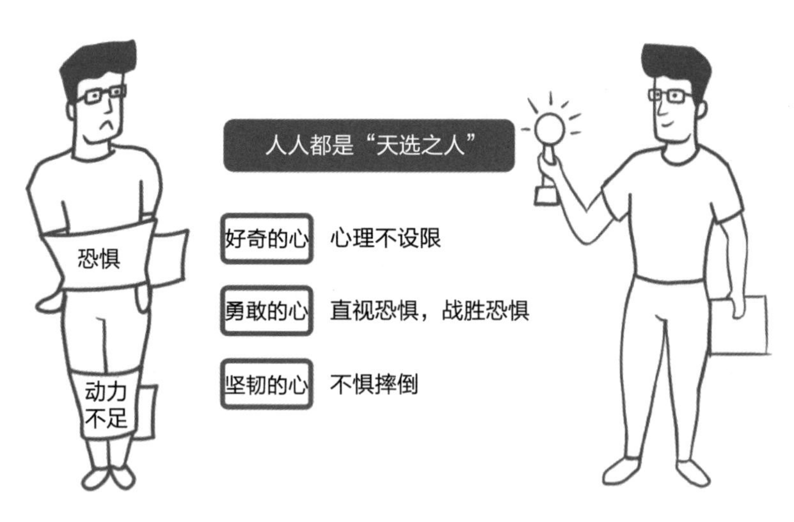

图 8-1　如何更好地尝试

第一，保持一颗足够好奇的心，心理不设限。

我们应当像一个孩子一样，保持对未知事物的足够好奇，保持对事物可能性的大胆想象，这是尝试的一个必要条件。只要心理不设限，心中有所向往，我们就很容易走入尝试的大门。相信每个人都有足够的好奇心，想看不一样的世界，想体验不一样的人生，找到它们，勇于尝试，收获更多的可能性。

我到了40岁，突然觉得滑板很“拉风”，于是就下单了一块陆地冲浪板，照着视频自己尝试滑行起来。当我滑起来的那一刻，感觉真是棒极了。

第二，要有一颗勇敢的心，直视恐惧，战胜恐惧。

美国前总统小罗斯福说，我们唯一的恐惧是恐惧本身。有恐惧很正常，其实它并没有那么可怕。我们需要的不是躲开它、逃避它，而是正视它，恐惧其实只是“纸老虎”，你正视它，它就一戳就破。我们恐惧担忧的事情，大部分都不会发生，除了死亡，生活中绝大部分的事情是可以解决的，没有什么事情值得惊慌，所以大部分的恐惧都是“庸人自扰”。

恐惧的天敌就是“勇敢”，勇敢出现时，恐惧立刻就被降服了。

第三，有一颗坚韧的心，不惧摔倒。

失败很苦，但是没有足够的尝试会更苦。

在尝试的道路上，失败是常事。如果尝试一次就不敢再尝试了，那改变几乎也不可能出现。我们在创业初期寻找客户时，可能打100个电话都未必能有一次成功。但那又何妨，因为极有可能你打第101个电话时就成功了。

有一句歌词是这样的：爱要越挫越勇，爱要肯定执着，每一个单身的人得看透，想爱就别怕伤痛。

其实尝试也一样，谁又能保证一击必中呢。所以在跌倒时，别怕伤痛，要有一颗坚韧的心，勇敢地站起来，继续尝试。相信你一定会摘取那个你梦想的果实。

保持一颗好奇的心、一颗勇敢的心、一颗坚韧的心，相信你就一定可以踏进尝试之门，开始改变，成为了不起的你！

培根说过，世界上许多做事有成的人，并不一定是因为他比你会做，而仅仅是因为他比你敢做。

第九章

专注：一年抵十年的核心密码

在人生探索游戏中，专注驾驶不仅仅是车辆安全的保障，也是它日行千里，远远甩开对手的核心密码。

比尔·盖茨和巴菲特第一次见面时，他们各自写了一个词，描述是什么成就了自己。结果两个人的答案竟然完全一样，他们都写了同一个词：专注。为什么两位世界顶级商业精英，竟如此心有灵犀呢？因为他们都明白一个非常简单，但我们却很容易忽略的道理：人要做的事情很多，而人的精力有限，只有把能量、力量聚集在一个拳头上，才能够将事情“击穿”“打透”。

华为之所以能取得骄人业绩，也是在于其不断集中力量，把主要精力集中在技术研发上。华为对于技术研发的标准是：距离目标 20 亿光年的地方，只投一颗“芝麻”；距离目标几千千米的地方，只投一个“西瓜”；距离目标只有 5 千米的地方，就要投“大量炸弹”。之前是几百人，现在几万人、十几万人对准这个目标冲锋，而华为每年的技术研发经费已经达到千亿元级别。正是由于其专注于技术研发，在短短的几年里，华为取得了技术领先于不少国外技术公司数十年的成绩。

我们看到的这些优秀人物，都无一例外地选择了“专注”，为什么要专注呢？

专注的力量最大

如果你用过多功能花洒，就会有很明显的感受：当选择多孔模式时，出水缓慢而温和；如果选择单孔模式，出水又猛又急。同样的出水量，集中到一个孔流出时的力量最大，分散到多孔流出时的力量会被削弱。人的力量也是如此，在力量有限的情况下，人如果同时做许多事，大概率一事无成。巴菲特几乎把一辈子的精力，都专注在“投资”这一件事情上，所以他专注的力量无比强大。

当你集中精力专注做一件事情时，效率最高。反之，则效率极低。

我在中欧国际工商学院的一个同班同学，大学一毕业就进入了美的公司，从工厂财务专员做起，二十年如一日，一丝不苟、认真专注地做好自己的本职工作，后来她升为财务经理、财务总监，2022 年升为集团首席财务官。能在业务上专注的人，在其他方面也一样专注，记得班上某年举行一次脱口秀活动，她也是极为专注地打磨稿件，挖掘笑点，结果在演出时一鸣惊人，逗笑全场。

一心多用、同一时间进行多个项目，会大大降低工作效率。罗伯特·富特雷尔（Robert Futrell）在其经典之作《高质量软件项目管理》一书中，对软件开发进行研究，发现同一时期开展的项目数量越多，浪费的时间越多，工作的效率越低。当你只做一个项目时，该项目获得的时间比例是 100%，时间损失为0；当你同时开展两个项目时，每个项目获得的时间比例是40%，时间损失为20%；当你同时进行五个项目时，每个项目获得的时间比例仅仅为5%，时间损失高达惊人的75%（见表9–1）。

表9–1 同时开展项目数与效率（时间损失）的关系

项目数量	每个项目的获得时间比例	时间损失
1	100%	0
2	40%	20%
5	5%	75%

如果你在做一件事情时不断被打断，效率也会大大降低。《敏捷革命》一书推测：人类大脑的信息处理能力存在某种瓶颈，人们每次只能思考一件事情。在不同的任务间转化的时候，人们会花费一定的脑力去“结束”上一个任务，即在记忆里把这个任务删除，才能开始一个新的任务。每次转化任务的过程需要花费一定时间，容易造成时间和资源的浪费。这就能解释一些常见的现象：你正在安静投入地读一本书时，手机铃声突然响起了，等你去接了一个电话再回来，再次开始阅读时，你需要花更多时间才能进入刚才的阅读状态。所以，保持待在一个不受干扰的环境，专注地投入，也是使你提高效率、增加产出的一个方法。

归根结底，我们在集中精力、专心致志做一件事时，力量最大，也更易取得突破，获得更好的产出。巴菲特、比尔·盖茨他们正是深谙此道，才共同选择了“专注”一词。

“身心不一”与“身心合一”

现实中，我们经常遇到的情形是：有些人投入了很多时间，看上去十分用功，却没取得什么成效，而有些人看上去似乎很轻松，却取得了事半功倍的效果。是什么造成了如此巨大的差异呢？

举个例子，我们公司每半年要做一次绩效评估，有些同事也加班，甚至有时很晚才回家，有些同事却几乎天天准时下班。结果在考核时，加班的同事只得到了 B-，而那个准时下班的同事得到了 A+，为什么呢？

准时下班的同事，很喜欢这份工作，在工作中把自己的精力全部专注在工作上，身心合一，很少去做一些和业务无关的事情。而加班的同事看上去加班加点，工作时间也很长，却一边工作，一边做自己的私事，效率极低。尽管他加了“班”，但最终的业绩却不理想，所以只得到了 B-。

两个球技差不多的球友老王和老李，相约6月的某个周末去打高尔夫球。平时两个人成绩都是 80 杆左右，这天老王状态很不错，超常发挥，打出了 75 杆的好成绩。老李也看不出身体有什么问题，但这次开球和推杆都比平时偏差大，最后以 103 杆收场。这是为什么呢？原来，尽管老李身体在击球，心里却在想着刚参加完高考的女儿的成绩，“心”已经不在球场了。身心的分离，是导致老李这次发挥失常的重要原因。

又如，同样是睡了 7 小时，不同的人早上起床后，会呈现截然不同的状态。有的人神清气爽，有些人却还是哈欠连连，为什么呢？因为前者心无杂念，深度睡眠时间充足，而后者身在睡觉，“心”却在挂念着明天要做的事，深度睡眠时间不足。

通过以上事例，我们可以得出一个结论：**真正的专注 = 身心合一，把“心”倾注在“身”所做的事上。**

身心不一的“专注”是假专注。身体在加班，“心”却飞走了；身体在打球，“心”不在球场；身体在睡觉，“心”却兴奋不已。A、B 是两件不一样的事情，你做着 A 却想着 B，不断在 A、B 间切换，造成能量和精力的大量耗损，最终 A、B 都做不好，效率远低于身心合一的专注者。

真正的专注，是身心合一，其本质是同频共振。

同频共振，“身心合一”的快乐

万事万物皆有频率。我们所说的身心合一，在本质上是我们内心的频率与作用对象的频率达到了同频共振，产生了“合一”的心流状态。这个对象可以是一件事、一个人或者是其他事物。

达成与无法达成同频共振之间有着显著差距（见图 9-1）。

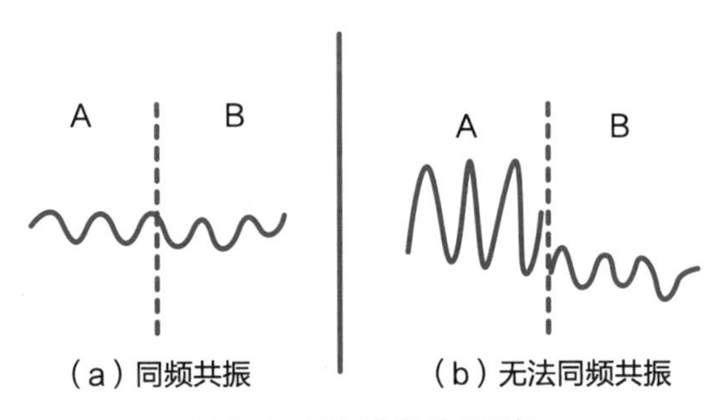

图 9-1　同频共振的重要性

你和闺密聊天，很容易就聊开心了，因为你和对方的频率差不多，这个频率可能是性格、见识等方面的，你们很容易达到同频共振。我家孩子一岁多时，听到有节奏的音乐，就自动跟着节拍扭动起来，扭动频率和音乐的节奏一致，而且她很享受这种状态。这是她内心的频率和音乐的频率达到同频共振所产生的现象。当你内心有特别好的写作思路时，就有一股文思如泉涌的感觉，你敲击键盘的频率和你内心的想法达到了同频共振，你进入“身心合一”的心流状态。此时你的写作一气呵成，短短一小时，就可以写出 2~3 千自己满意的文字。

外界的任何频率，例如音乐、电影、视频、天气等，如果能与隐藏在我们内心的频率达到同频共振，也能让我们进入心流（专注）状态。

有一次，我们和一群同学在成都一起听一场音乐会。王弢师兄的黑管和匡俊宏老师的吉他完美配合，从他们的管弦中出来的音乐频率，深深地激活了藏在我们内心深处的某些频率。当两个频率重叠在一起达到同频共振时，你就能感到某种震撼，产生某种共鸣。当听完皮亚佐拉《探戈的历史》的咖啡乐章后，我已是泪流满面。那一晚，很多师兄都被感动了，那也是一种共鸣。当外界的频率和内心的频率达到同频共振时，我的心完全进入一种心流状态。

我们看电影、看球赛、玩游戏时也可能进入这种心流状态，仿佛自己就是电影中、赛场中的主角，你能感受到主角的兴奋、痛苦和快乐，处于与主角完全“合一”的无我状态。当你在看一场世界杯对决时，你的心已经完全被带入球场。当球员临门一脚进球时，你欢呼了起来，因为那时你的频率和球员的频率，甚至和那个被射进门框的球的频率是一致的，达到了同频共振。那一刻你就和球员、球合为了一体，那就是你的心流时刻，这可能成为你永生难忘的回忆。

专注的无限回报

当身心倾注在某对象上时，当外界频率和我们内在的频率达到同频共振时，我们就没有了情绪的冲突和纠结，没有了精神的内耗。精力就会全部集中在该对象上，**这时你做事的效率会更高，有机会创造更有价值的作品，产生更多的价值。**

优秀的人都是专注的人。他们不会在自己不关注的事情上浪费过多精力，而是把身心倾注在自己热爱的事情上，创造更多的价值。

建筑大师贝聿铭先生在成名之后，外界仍对他有诸多质疑声音。记者问贝聿铭先生："你是怎样看待外界对你的挑剔的？"贝聿铭先生的回答是："我从来没有考虑过这些问题，因为我一直沉浸在如何解决自己的问题中。"贝聿铭先生正是这样一位能专注于自己的问题的大师，他在一生中创造了许多伟大的建筑作品。

我的恩师梁冬老师这些年将自己的身心倾注在他喜爱的传统文化上，无论是对中医的研究，还是重新解读《周易》《论语》《庄子》等传统经典，他的作品都极具特色。

当你处于一个专注、忘我的心流状态时，你的心就安住在当下，你用心投入某件事，事情往往也能做得更完美。

专注让我们心身愉悦，提升我们的工作效率和幸福感。

除此之外，专注让你有机会创造更多的商业价值。

在日本东京地铁银座车站附近大楼的地下一楼，有一个并不起眼的小寿司店。它虽然只有十几平方米，却是网友打卡的热门地，这就是日本"寿司之神"小野二郎的寿司店"数寄屋桥次郎"。小野二郎制作寿司至今已有 80 余年，他喜欢这个工作。他有一个信仰："每种食材都有最美味的理想时刻，我们要做的就是把握这个时刻。"于是一个简单的生鱼片，他要手工按摩 40

分钟，米饭也要恰好贴近人体的温度，因为这样才能保证鱼片的美味和米饭的弹性。若非必要，小野二郎拒绝与任何男性握手，因为和男性握手后手温升高，会影响寿司的口感。他全身心专注其中、投入其中，把每个细节都做到了极致。“把看似简单的寿司，做出无与伦比的味道！”这家看似不起眼的小寿司店连续 10 年被评为米其林三星餐馆，而小野二郎也成为全世界年纪最大的米其林三星主厨。

当看到纪录片《寿司之神》时，你能感受到小野二郎全身心投入其中的专注。他一心一意地只想把每一个寿司做好，不分神，而且非常享受其中的每一道工序，享受和米饭接触的感觉。他真正做到了心身合一，所以人们把他称为“寿司之神”。

真正用心、专注，把自己的心和所做之事完美统一起来的人，一定能够有更高的效率，并能把事情做得更加完美。

美国思想家拉尔夫·爱默生（Ralph Emerson）说，所有力量和美好的秘密只有一个，那就是专注投入。

一起进入心流状态

专注竟然可以给我们带来如此多的回报，那我们又该如何做到专注，进入心流状态呢？

讲专注、讲心流的书很多，米哈里·契克森米哈赖（Mihaly Csikszentmihalyi）的《心流》、安德斯·艾利克森（Anders Ericsson）的《刻意练习》、克里斯·贝利（Chris Bailey）的《专注力》等都讲了很多方法以帮助人们变得专注，进入心流状态。通过大量的阅读，观察优秀人物，并结合自我实践，我总结了以下几点，希望可以更好地助力你进入心流状态。

一、找到目标：找到你热爱且希望实现的一个目标。

意识和精力，只有集中在某个方向时，才不会混乱和散逸。这个方向，就是我们需要寻找的目标。其实也可以理解为是一种信念，你对于将要完成的某件事情的强烈信念和全然热爱，就如“寿司之神”小野二郎对于寿司的热爱和信念一样。哈佛大学人类进化学教授约瑟夫·亨里奇（Joseph Henrich）认为：坚持信仰（目标），就能减少大脑里负面情绪的出现次数，减轻人们的焦虑，具有安慰作用，从而有利于人们更加专注和投入。信仰还能提高人的自控力，在预期获得未来“更高回报承诺”后，人们将更加专注和投入于事物之中。

《心流》的作者米哈里也说到，心流的首要条件是有明确的目标，例如赢得一场比赛、跟某个人交朋友、用某种特定的方式办成一件事。目标本身并不重要，重要的是明确目标后产生的聚焦，可以让注意力更加集中，从而让自己投入一种充满乐趣的活动之中。就如一支球队有了夺冠的目标之后，队员的注意力就更容易集中，也更加容易专注其中。

我曾经有段时间热衷骑行，有一天我和一个好友约定，我们尝试用一天的时间，骑行 100 千米穿越深圳。当我们有了这个目标后，内心十分兴奋。第二天我们一早便从深圳湾出发，骑上自行车后，我就和自行车合为一体了，我们一边骑行，一边体验不一样的城市和山间美景。我们穿过福田、罗湖，由盐田骑上梧桐山脉，经过 10 小时的骑行，我们完成了 100 千米的穿行目标，最终抵达大鹏所城。那一天，我似乎与整个城市融为一体，达到了同频共振，尤其是在梧桐山脉上山、下山时，我全然投入其中，感受如波涛一样的山脉，几乎忘记了时间，那一天至今让我印象深刻。

找到热爱的和信仰的，找到一个锚定的目标，你的意识和精力就有了方向，然后全然投入其中，你就有机会体验到专注和心流之乐。

二、学会取舍：一次只做一件事情。

我们的注意力很有限，如果一心多用就很难进入心流状态。这就需要我们在多件事物之间取舍，优先去做那些更重要的事情，并且一次只做一件事。管理学大师彼得·德鲁克（Peter Drucker）在《卓有成效的管理者》一书中说到，如果要把一件事情做好，其中极为重要的就是用整块时间做一件事情，并且一次只做一件事情。

不要高估我们大脑的能力，大脑主动处理信息的能力是有限的。诺贝尔医学奖获得者罗杰·科恩伯格（Roger Kornberg）研究发现，人脑每秒有意识处理的信息量是极为有限的。如果同一时间进行多任务处理，不仅会降低效率，智商也会变低。伦敦大学的一项研究发现，多任务并行者的智商下降程度与一夜未睡的人相当。在这种情况下，我们需要学会取舍，专注做自己擅长的那件事，发挥自己的优势，把它当成资产来经营，进而取得更大的成效，实现持续的增值。

在创业之初，我们选择了应用分发这个细分赛道，聚焦在手机厂商应用分发上，并取得了不错的收益。在创业第四年时，公司的业务其实已经相对稳定了，也有了一定的现金流，于是合伙人和我商议尝试做一些新的项目，因此我们在主业之外又尝试了汽车广告和信息流这两个项目。汽车广告项目新招了一个小团队，历时近一年投入上百万元，结果失败了。信息流项目也是一样，由于我们的特长还是在厂商广告代理和运营，投入新项目让团队力不从心，结果也损失上百万。后来，我们还是回归到自己擅长的领域稳健发展。这两个失败的投资给我的教训是，在资源和精力有限的情况下，一定要有所取舍，集中精力，专注做自己擅长的事情。

三、反馈前行：找最优秀的导师。

有目标有取舍后，在行动中十分重要的环节是反馈，及时反馈能让人保持专注和行动力。例如，减肥时每天的体重测试，跑步时的配速跟踪，这些都是较好的反馈机制，有助于我们更好地跟踪、改进及完善行动。

除了设备能提供的反馈，另一种好的反馈方式是找导师。如果有条件，找这个行业里最优秀的老师，他们也能够帮助和指导你。他们在行业里已经累积了足够多的经验，见证过足够多的失败和成功，能高效率地指出你应该保持和改善的地方，这样的反馈有助于快速提升你的水平，更好地专注在自己的事情上并取得成效。安德斯·艾利克森在《刻意练习》中，强烈建议寻求最优秀的老师的指导反馈，这样有助于你更快地进入心流状态。

我从 2015 年开始跑步，但是为了自娱自乐，跑了半年就想去参加马拉松，结果脚崴了。2019 年入学中欧国际工商学院后，因为要参加百千米戈壁挑战赛，校友请了跑步专家指导我们如何做好跑前跑后拉伸工作，怎样的跑姿更省力，以及学习如何练习身体核心力量，如何通过间歇跑提升心肺功能，并为我们制订了不同的跑步课表。我参加了一段时间的跑步课后，跑步能力有了较大的提升，半程马拉松成绩最好跑到了 4 分多钟的配速，而且后来几乎没有再受伤过。

及时反馈，可以推动你更投入其中，良师指路可以让我们更快速、更科学地进入想要的心流状态。

找到目标、学会取舍、反馈前行，可以有助于我们快速进入心流状态，达成我们的目标，如图 9–2 所示。

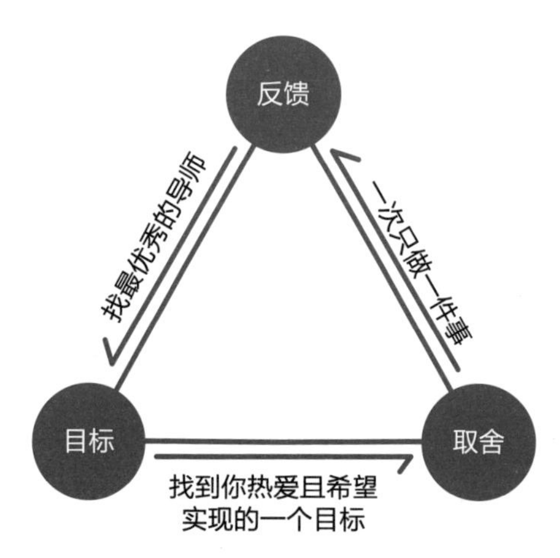

图 9–2　如何快速进入心流状态

专注不仅适用于调整自己的日常行为，同样也适合于公司经营。公司和人一样，能力和精力都是有限的，聚焦在自己擅长的事物上才能取得更好的成绩。就如《隐形冠军》中写到的，很多德国企业是把自己的精力专注在一个点上，最终成为各条赛道的隐形冠军。多元化的企业大概率很难取得持续的增长。

巴菲特和比尔·盖茨懂得专注的价值，现在你也知道了专注的价值和保持专注的方法。将自己有限的注意力和精力放在喜欢的事情上，专注其中，你就能进入“身心合一”的心流状态，并“顺便”达成自己的目标。

第十章

弹性：没有成功，因为你不懂放松

我们的人生之车在未知的路上持续探索，路况时而颠簸、时而平坦，天气有时晴有时雨。在路况和天气不断变化时，我们应以何种姿态应对，才能抵达目的地呢？

日常生活中，我们经常遇到这样的场景：每天加班到很晚，时刻处于高度紧张的工作之中，却没有成效，升职加薪也轮不到自己；今年听读了近百本书，连午休时间都舍不得浪费，听得到、喜马拉雅、帆书等 App 上的图书，但到了年底发现自己竟然记不起任何一本书的内容；业余时间报了很多学习班，自己每天疲惫不堪，事后想想，却没有任何收获。

这些场景是不是很熟悉？我非常理解这些场景，因为我曾经也是其中的一员，也不想浪费每一分钟时间，争分夺秒、不知疲倦、逼迫自己，到头来却发现那些让自己都感动的努力和刻苦，并没有产生多少效果。这又是为什么呢？

让我们来看看影响我们不能达到成功彼岸的浮球吧，看完之后，也许你便能知道为什么那么“努力”，却又不断失败了。

灵活的浮球

如果把实现目标当成渡河去彼岸，**那么我们工作学习的心理和能量状态，就好像是一个灵活的浮球**。我们之所以没有到达彼岸，跟这个浮球有密切关系，主要是这个浮球出现了以下三种情况。

压力越大，漏气越快。

我们的初心是非常好的，都想借助浮球尽快游到彼岸。但要知道，这个浮球的能量是有限的，开始时，我们心气很高、浮球气压很足，我们凭借浮球可以游得很快。就如我们清晨起床后，能量满满，做事效率非常高。这感觉非常好！

当你想保持这种状态时，却发现效率越来越低，游的速度越来越慢了。道理非常简单，因为你趴在浮球上，它不断被挤压，漏气越来越快。小时候玩过气球的朋友都知道，若你不断挤压一个充满气的气球，可能用不了多久，这个球就慢慢瘪下去了。你越是拼命挤压着这个浮球，越是拼命划，浮球漏气就越快，吃水线越来越低，于是你划不动了，甚至要沉下去了。

我们在疲惫时，越努力、越加班，效率就越低，效果也越差。越疲惫、越刻苦，结果什么都没看进去。眼睛都在打架了，怎么可能会有效果呢，此刻的你，能量已经消耗殆尽了，你的浮球没气啦。

另外，还有一种情况，就是你在某些特殊场合，压力过大、过于紧张，浮球很容易因紧张而滑走。这些情况尤其在赛场、考场上容易出现。例如，有些运动员，在平时表现得非常好，是冠军的种子选手。一旦参加了大型比赛他们便由于压力过大、心理波动很大，在上场时往往发挥失常；在考场上也一样，一些平时很优秀的孩子，一到重要的考试就发挥失常。出现这些情况的很重要原因就是人们的压力过大，灵敏的浮球滑走了，于是他们失利了。

互不匹配，渐行渐远。

到达不了彼岸，还有一种情况就是不匹配：渡河者和浮球不匹配。

一个体重 100 千克的壮汉，趴在一个苹果大小的浮球上面，想想那画面就知道结果了。此时的 100 千克壮汉，也可以理解为我们有很大的梦想，但是我们精力、能力和状态的浮球与这个梦想不匹配。当我们的能力、精力和状态的浮球不足以支撑这个太大的梦想时，浮球很快就被压扁了。所以你会发现在现实生活中，你很想升职加薪、很想读很多书、很想学会各种各样的技能，而你的精力、时间就那么多，能力就那么大，当二者不匹配时，失败和痛苦就出现了。

只有 40 千克的年轻女子，如果抓住一个像热气球那么大的浮球前行，浮球可能遮挡住她的视线，让她看不清方向以至于与目标渐行渐远。此刻，很大的浮球也象征你有很多时间、充沛的精力和卓越的能力，却没有一个更大的梦想来匹配（只有 40 千克）。在这种情况下人就很容易虚度光阴、浑浑噩噩，到头来发现自己什么事情也没干成。这也是不匹配造成的结果。

综上，渡河者需要一个大小匹配的浮球，让浮球在行进过程中能与渡河者维持在一个相对平衡的状态，这样才可能成功游到彼岸。

没有一条河是永远风平浪静的。任何一条大河都随时可能出现大的风浪，这时即使渡河者与浮球很匹配了，但是他不能与风向、波浪、天气匹配，逆风时毫无作为，顺风时肆意妄为，在碰到暗礁前不知道躲闪，遇到凶猛的大鱼时不能避开，那也很可能到不了彼岸。只有保持浮球弹性的适当，渡河者保持足够敏捷，才可能远离暗礁、乘风破浪，到达彼岸。

只想着唯一的浮球时，也可能达到不了彼岸。

在渡河时，如果心里只有一个浮球，你就想拼命地抓住这个浮球，可能会忘记渡河时还可以利用其他的球，或者树干、木板等。这种情况容易造成我们的注意力只集中到一个“浮球”上，而忘了其他可能性，一旦出现大风大浪，浮球没有了，没有备用方案也还是到达不了彼岸。

我有个做电商的朋友，在淘宝崛起时抓住了机会，这一做就是十年。他在拼多多和抖音快速崛起时，并没有用心去关注，结果现在想进入这些新赛道，为时已晚，这就是典型的路径依赖案例。

这也体现了稀缺心理：我们越缺什么，就越想抓住什么。这种稀缺的东西会在潜意识里牢牢地俘获我们的注意力，在潜移默化中改变我们的思维方式，影响我们的决策和行为方式。你越缺时间，就越容易被“我没有多少时间学习了”俘获，就越想拼命抓住时间学习，从而忽略了休息的重要性；如果你常处于“急需用钱”的状态，就会被“缺钱”的思维控制，就可能仓促地“贷款”，或随便做一些其他工作，而缺乏对未来的长期思考，错失其他的发展机会。

同样，如果在渡河时你只有“浮球”，觉得它就是救命稻草，是你唯一的渡河工具的话，一旦出现任何风浪和危险，比如当这个浮球被吹走时，你就容易变得手足无措，同样到达不了彼岸。你忘记了自己还有其他选项，比如利用身边的树干和木板等。

那些成功的渡河者

你没有成功，并不是因为不够努力，也不是因为不够刻苦。很可能是由于与渡河时使用的浮球没有匹配好，而那些成功到达彼岸的渡河者，正是懂得了如何使用这个渡河的浮球，令其协同和匹配自己的梦想和目标。

张弛有度，量力而行

我们根深蒂固的观念是“越努力越成功！”努力很好，但是没有节制的“努力”往往让我们越走越慢，因为一个人的精力、意志力和能量是有限的。浮球里填充的气体也是有限的，如果只知道一味地消耗，而不及时进行补充，浮球甚至会成为压垮你的最后一根稻草。

优秀的人们，都是张弛有度的高手。我和一位高考“文科状元”聊过，请教如何学习。他回复了一句：“玩着学！”我追问：“什么是玩着学？”他回复道：“盲目地努力自己会把自己‘累死’，我其实会在学不进去时停下来，去玩玩游戏。有的时候，还会看小说或听音乐调剂一下。要懂得玩，才能够学好，这就是我的方法。”我终于明白了，他的学习方法其实不是一味地努力，而是张弛有度，在该认真学习的时候努力学习，在该放松的时候彻底放松。放松本身就是一种补充能量的方法，你可以理解为是在给浮球打气。当你趴在它上面一阵后，浮球开始漏气时，此时你要懂得给这个浮球打气，让它恢复原有的弹性和形状，然后再趴在浮球上继续前行。

心理学家、催眠大师斯蒂芬·吉利根（Stephen Gilligan）博士说，每个人的压力和紧张都与一个思维、一个念头紧密关联。当我们放松下来时，这个关联就切断了。这个时候我们就能更好地恢复精力和体能，所以学会适度放松非常重要。优秀的人们深知这一心法，他们不会盲目努力、一味给自己压力。

弹性匹配，才能乘风破浪

优秀的人，都知道需要有一个匹配自己体重、身形的浮球。它不能太小，太小会让自己瞬间沉下去；也不能太大，太大自己可能掌控不住，甚至会遮挡自己的视线，看不清目标和方向。

优秀的人还有一项很重要的技能，就是能随时把控浮球的气门。随着经验的累积，能力的增强，目标的提升（体重增加了），他们就会往浮球气门里面打气，调整好自己与之匹配的心理和能量状态，让这个浮球正好与自己的新目标（体重）相匹配，这样便能更快速地前行。反之亦然，当遇到较大困难时，他们就会迅速做出调整，开源节流，按住气门放一点气，以便更好地轻装上阵。

我曾认识一个家电行业的翘楚，在20世纪90年代家电行业迅速发展时，他把每年的增长目标都定在15%以上。而且他会根据目标的增长，快速招募人才和投入相应资金用于研发。这在本质上就是在给浮球打气，匹配自身定下的新目标，保障自己能够顺利达成目标。

在渡河过程中可能顺风也可能逆风，有风平浪静也有狂风巨浪，也就是现实中的风险和机会。**这时候需要考验的是渡河者驾驭浮球的能力，以及与**

浮球协同配合的能力。优秀选手会有这些操作：顺风时他们抓住机会，给浮球打气尽量使浮球鼓大些，增加浮力，乘风破浪、快速前行；逆风时他们会深深吸口气，抱紧浮球，保持体力，保证不被逆风打回原地；风平浪静之时他们懂得抱住浮球匀速前行，遇到暗礁险滩时，他们会小心翼翼慢下来，以免划破浮球让自己陷于险境。

总之，要让渡河者与浮球相匹配，令“渡河者 + 浮球”与河面的风向、天气、航道情况相匹配。不一定是那些最强大、最聪明的渡河者能够过河，那些与浮球匹配的、能够适应变化的、保持浮球弹性的渡河者，更有可能到达彼岸（见图 10-1）。

图 10-1　拥有浮球的三种情况

留有备选，悠然前行

把所有的注意力，所有的希望都集中在一点其实是一件很危险的事。经济学家塞德希尔·穆来纳森（Sendhil Mullainathan）在《稀缺》一书中指出，当我们的注意力被稀缺的东西所控制时，我们就处在了“稀缺”的状态之下，我们思维的“带宽”就大大降低，我们的思维和行动就会被眼前的事物所占据，思考也就失去了前瞻性。这种情况往往会让我们处在非常被动的状态。

优秀的人恰恰相反，他们做任何事情都留有余地。他们不会让自己被某一件事、某一个点所裹挟，而是让自己的大脑时刻保持“弹性”，让自己的思维保持开放，头脑中始终有对风险的预测和评估，始终保有 B 方案。当他人只看到手中的浮球时，优秀的人其实在身上还放了另外一个没充气的球，一个备选，就算手中的浮球被大风吹走或者被刮破，对他们来说也没关系，他们随时能从容地拿出“备选”浮球充上气，继续前行。万一备选也被风浪打翻了，他们也不会抱怨，而是保持冷静，迅速寻找其他替代物，例如树干、木板等，继续前行。他们不会停留在“我的浮球不见了，我要完蛋了”这种“稀缺”的状态中。

真正优秀的人，都是未雨绸缪的，这是保持弹性，应对风险的重要方法。

渡河成功者同样重视努力，但他们不是盲目努力，更不是那些“越刻苦，越感动”的自我安慰者。他们足够了解自己，知道张弛有度，知道怎样与浮球更好地匹配，知道如何在行动中保持弹性。他们也不是固守一些陈旧的惯性，而是保持敏捷、保持弹性，无论是风平浪静、顺风逆风、还是暗礁险滩，他们都能随风而动、乘风破浪，在渡河时为自己留下一个备选方案，应对随时可能出现的风险。

努力不等于成功。成功是多个因素的综合结果，其中也包括放松和匹配，“成功≥努力 + 放松 + 匹配”。

你也可以用好浮球

每个成功达到彼岸的人，都有一个能自由掌控的浮球，它是我们渡河极为重要的工具。如何让这个浮球更好地助力我们前行，帮助我们抵达彼岸呢？掌握好以下三项技能，哪怕在大风大浪里，相信你也能更好地抵达你的彼岸。

第一，在浮球上装上雷达。

现在的电脑、智能手机，不用时就自动熄屏休息；在使用了较长一段时间后，会弹出一个框提醒：主人，您应该休息一下了。现在很多汽车也有类似功能，驾驶时间太长了、胎压不足了、哪个地方出问题了，都会有一个醒目的提醒。

其实浮球也不应该只是一个单纯的渡河工具。它代表了我们的心理和能量状态，也需要足够灵敏和智能。如果不够灵敏，我们则无法判断自己是否过于疲惫，无法感知什么时候有风险，它就只能是一个笨拙的、功能有限的浮球。如果在浮球上装上一个 360° 无死角的意识雷达，这个意识雷达足够灵敏，可敏锐地感受身体状态的变化、可探测航道上的可能风险、可敏锐捕捉到河面上的风向，那它就是一个智能浮球了。

这个意识雷达的本质，其实就是我们保持足够开放和敏锐的认知和多视角看问题的心态。如果感觉疲惫了，就停下手上的工作，放松一下，例如做冥想、听音乐、慢跑或放空一下，都是很好的方法；如果有必要，还可以休息一段时间，这些都是非常好的放松方式；如果探测到风险，意识雷达就能发出警报，让我们的节奏慢下来、冷静下来，防范风险；如果感知到现在是顺风，它就会告知我们此刻可以加速前行一段时间。

例如，在写作时，当自己思路受阻，我一定不会强迫自己必须再努力一下，想出一个新思路。这个时候我会放下手头的工作，去晒晒太阳、散散步，完全离开写作。过一段时间再提笔，往往思路就有了。如果只是一味地努力，只会适得其反。所以说，很多的不成功，很可能是由于不懂得放松。

第二，真正爱护你的浮球。

我们有了浮球之后，很容易就把它理解为仅仅是个渡河工具。潜意识就是要物尽其用，拼命地使用它。殊不知，我们的浮球，在一定程度上就像我们开篇讲的本能脑和情绪脑，就是那个“大毛怪”，而渡河者更像是那个有目标有方向的“小智人”。在整个渡河过程中，二者是一体的。

所以我们要真心爱护这个浮球，照顾好它。浮球气不足时，要给它打打气；遇到暗礁险滩了，一定要好好保护它，不要让它受到任何伤害。当你能爱护它、关心它时（精力、情绪等得到了很好的照顾），它会以同样的方式反哺你，逆风时陪你一起抵抗风浪的打击，顺风时带你乘风破浪、抵达目的地。

人生其实也一样，我们的“小智人”不断跟自己说：我们要有目标、要不断努力、要持续优秀，然后就开始不断压榨我们身体和情绪的“大毛怪”。我们持续加班、拼命熬夜、废寝忘食地学习，从来不考虑身体的承受力，不照顾受打击的低落情绪。时间一久，你可能不会有更好的工作和学习的状态。我们很少见到情绪低落、身体孱弱的人能很好地学习和工作。所以，我们不仅要有诗和远方，还应当真正用心去爱、去关心带我们去远方的身体和情绪。

渡河者要和浮球相互关爱，相互匹配，才能行稳致远，抵达彼岸。

第三，最好能多备一个浮球。

聪明的投资者，一般不会把所有鸡蛋放在一个篮子里。分散投资是降低投资风险的有效手段之一，是我们保持弹性的重要手段。渡河时分散风险的一个重要方式，就是最好能多备一个浮球。怎样才能多备一个浮球呢？首先，我们的思维不要被限制在一个范围里，多备一个浮球就是准备更多的渡河方案。

这个浮球未必是一个“真浮球”。它可能是一种思维，也可以是一种技能，还可以是借力。例如，当你学会了游泳，在渡河中哪怕丢失了一个浮球，也依旧有机会游到彼岸；如果你当前的“浮球”还太小，正好旁边其他渡河者有船，你是否可以成为他的船员，借力前行；在行进过程中，浮球滑走了，树干、木板等都可以成为另一个浮球。

多备一个浮球，还是指我们的思维要保持足够开放，具备弹性，而不是固守一个习惯、一种方法。我们的思维“带宽”足够有弹性，在前行的行动中就能有足够的灵活度，我们不应被手里抱着的唯一“浮球”所限制和挟持。多备一个“浮球”，你抗风险的能力就增加了，成功渡河到彼岸的概率也增加了。

诚如达尔文所言：这个世界上，能够生存下来的，不是最强大的那些动物，也不是最聪明的那些动物，而是那些能够适应变化的动物。

只靠努力未必能到达彼岸，在行动中保持弹性思维，与“浮球”保持匹配，装上意识雷达，关爱自己的身体和情绪，适时放松，才能成为一位成功的渡河者。

第十一章

耐心：好风景，往往在后面

人生之车在前行的路上，很可能遇到各种艰难险阻，是原地不动、打道回府，还是继续前行，不同的选择决定了不同的人生风景。能看到别样的好风景的，往往是那些有恒心继续前行的人。

美国斯坦福大学曾做过一个著名的“棉花糖实验”。沃尔特·米歇尔（Walter Mischel）博士给幼儿园的一群孩子每人一份棉花糖作为奖励，并告诉他们：“我现在出去一会儿，你们可以马上吃掉，也可以等我回来后再吃，能等到我回来再吃的孩子就可以得到双份奖励。”米歇尔通过监控视频观察孩子的反应。有的孩子迫不及待地吃掉了棉花糖。有的孩子看上去有些犹豫，但最终还是没有经受住诱惑。还有的孩子虽然也想吃，但他们会想尽各种办法来转移注意力，例如闭上眼睛不去看棉花糖，将脑袋埋进手臂里，自言自语地玩弄手指，等等。20 分钟后，那些坚持没有吃棉花糖的孩子获得了双份奖励。

实验结束后，组织者对这些孩子进行了长达若干年的后续追踪。结果发现，那些有耐心，坚持到最后的孩子更加自信，适应环境的能力更强，不会轻易出现紧张、畏惧和逃避等情绪。他们在追求目标时更能迎难而上，遇到诱惑时也能想更多办法，不被眼前暂时的利益所迷惑。

要做到不被眼前的事物所“诱惑”，才能有更多机会！

难以抗拒的诱惑

周六早上，定好的 7 点起床跑步的闹铃，被强行按下了多少次。为了达成自己定下的那个“5000 米”小目标，你在 9 点终于小跑起来了，但跑到 3000 米就实在跑不下去了，于是又慢腾腾地走回了家；说好的中午自己做饭，结果还是点开了外卖软件；说好的要把自己的“游泳圈”减下去，结果还是没忍不住多点了一份冰激凌，并给自己找了一个“光明正大”的理由“我早上运动了”；下午逛街时，忍不住又买了件心爱的衣服，本月存款 5000 元的计划也随之破灭了；说好的晚上 11 点准点上床，说好的再看 10 分钟短视频就睡觉，结果一不留神就看了一个多小时，最终时钟又划过了零点……

这大概是大多数人都熟悉的场景。在生活中，我们几乎经不起任何“诱惑”：“温暖的床”“诱人的美食”“停不下的短视频”，等等。这些我们希望克制或摆脱的“诱惑”，最终还是成了我们前行道路上的障碍。

因被诱惑而遗憾不已的事，我们几乎可以信手拈来。

周末一大早，你信誓旦旦地答应自己，今天一定要“温柔而坚定”，耐心陪伴孩子。说好 8 点就起床去儿童乐园的，可时间已经超过了 10 点。把孩子哄起来了，孩子起来又哭又闹、不吃早餐。这时你终于怒不可遏了，原本的“温柔而坚定”最终成了一地鸡毛……

曾经那些铿锵有力的目标大多成了一纸空文。在新年的第一天、在生日或一些重大的日子里，我们喜欢做的一件事就是许愿望、做计划，列出自己的愿望清单：希望读多少书、见多少人、跑多少公里等。我们也许能坚持一天、一周、一个月、一个季度，再过些时候，往往就坚持不下去了，把愿望抛到九霄云外。待到一年结束之时，真正实现的目标又有多少呢？

我们为何禁不住诱惑，为什么如此缺乏耐心呢？在排队时，只要你认真观察，就会发现：无论是在你前面，还是在你后面的人，总有人会时不时探出头，看看前面还有几个人，露出焦急难耐的神情。这里并非要指责谁没有耐心，只是因为这些事情我都经历过，所以才想寻找我们缺乏耐心的根本原因到底是什么，是否有好方法能让自己保持耐心，延迟满足，活成自己想要的样子。

我们缺乏耐心，归根结底有两个原因。

第一，本能所致。

还记得我们在前面讲到的那个“大毛怪”吗？人类作为高级的哺乳动物，依旧保持着和动物一样的某些本能，例如要生存、要快乐。动物要生存的一个外显特征就是饥则食、渴则饮，急于求成、及时行乐。在漫长的进化选择过程中，这些底层的基因和本能也被保留下来了。尽管大脑新皮质出现后，人类也多了一点耐心，例如懂得把部分谷物和猎物储存起来以备过冬，但急于求成、及时行乐等本能依旧强大，它随时都在主导我们日常中的很多行为。这也是我们禁不住很多诱惑的原因。

斯坦福大学心理学教授凯利·麦格尼格尔认为，人的自控力是指控制冲动的系统，但它是有限的，它就像块肌肉，反复地自控会让它疲惫，每次使用自控力之后它的活跃度就会降低，就如疲惫的双腿会放弃跑步一样。自控力就有点像对战游戏中人物的血条。这个血条在不断的搏杀过程中，很容易被一点点地消耗完。这也是到了晚上，我们很难控制吃夜宵、刷视频的重要原因之一。因为在那个时刻，我们的自控力（意志力）消耗殆尽了。

第二，快速变化的环境的影响。

社会的快速发展，使得我们的物质生活愈发丰富。在此过程中，财富和物质的快速增长也激活了我们内心的欲望，我们觉得“一切都得快”“事事要争先”“时间就是金钱”“效率就是生命”。这些内化的观点确实加速了进步，但“要快”“要争先”、凡事都希望能尽快得到结果的巨大心理惯性，也导致许多人在做事的过程中缺乏耐心。同时，“暴富”等现象的出现，也容易让人们形成强大的攀比心理，从而进一步加剧焦虑，于是人们越来越缺乏耐心，如图 11–1 所示。

图 11–1　缺乏耐心的原因

让一个已经快速奔跑的人放慢脚步，确实很难，因为他有强大的惯性，很难快速“慢下来”。

科技进步是导致社会环境变化的动因之一。随着手机和移动互联网的普及，它们已成为人们生活中密不可分的一部分。我们的时间一不小心就被它们“偷走”了。科技进步让娱乐消遣唾手可得，更多有诱惑力、精准推送的内容，也让人们内心长期处于“想得到”的急切状态，导致缺少耐心。

其实，禁不住诱惑，原来是人类受到本能的驱使。同时，科技和社会的快速发展，也导致了人们相对缺少“耐心”。

难道我们在这些诱惑面前只能束手就擒吗，就在这样的本能的驱使下一事无成吗？当然不是，知道了禁不住诱惑的原因，我们就可以有的放矢地做出改变。而且，有那么多人确实击败了诱惑，取得了成就，他们又是如何做到的呢？

击败诱惑的人

人的本能和环境影响，是导致人们普遍缺乏自控力、缺少耐心的主要原因。如果能有针对性地对“自控力”做些专门的训练，我们就能有效地提升“抗诱惑”的能力。

方法其实很简单，我们可以从控制自己以前不会控制的小事做起，来锻炼自己的“自控”肌肉。比如，每周清理一次衣柜，换一个手刷牙，记录支出，等等。虽然这些小小的自控力锻炼看起来微不足道，却能大大提升我们的自控力水平。

美国西北大学一个团队曾做过一个“自控力训练能否降低对伴侣的暴力

倾向”研究，40位有暴力倾向的恋爱者被分成三组：第一组需要练习用不常用的手吃饭、刷牙和开门；第二组被要求，必须说“好的”；对第三组没有任何要求。两周后，在怒火中烧或觉得自己没被伴侣尊重时，处于自控训练中的前两组人员已经不太容易出现暴力倾向；第三组仍然会表现出惯性，出现暴力倾向。

著名互联网创业者、美团创始人王兴一直将“长期有耐心”作为公司的标语。在最激烈的“千团大战”之时，其他公司在拼命地投入资金，唯有美团一家公司开源节流，保有耐心，最终平安度过了“千团大战”。作家丁西坡认为：“长期有耐心”是美团成长与进化的逻辑。

耐心的逻辑和价值

耐心之所以如此重要，是因为它有自己的逻辑。

一、从量变到质变的复利曲线。

每个人都渴望改变，改变目前不好的现状，希望变得越来越好，希望能快速甚至瞬间变好。此刻我们可能忘了，所有的质变都是由足够的量变引起的，而量变的过程是需要时间的，往往会呈现一条复利曲线。

如果量变的火候未到，质变将不可能出现。就像要熔化一块铁，铁的熔点是1538℃，当铁被烧了很久终于达到了1537℃时，如果这个时候我们放弃了，它依旧是一块铁，而不是铁水。其实只要再多烧几秒，它就质变为铁水了。这也有点像酿酒，如果没有花费足够的时间，香醇的美酒是酿不出来的。

复利曲线初始增长缓慢，但是一旦达到一个拐点，增长速度就如同火箭上升一般，势不可当，如图 11-2 所示。我们在刚出发的时候，积累的能量可能看不到什么成果，但是如果持续积累，积累的能量总有一天会爆发。

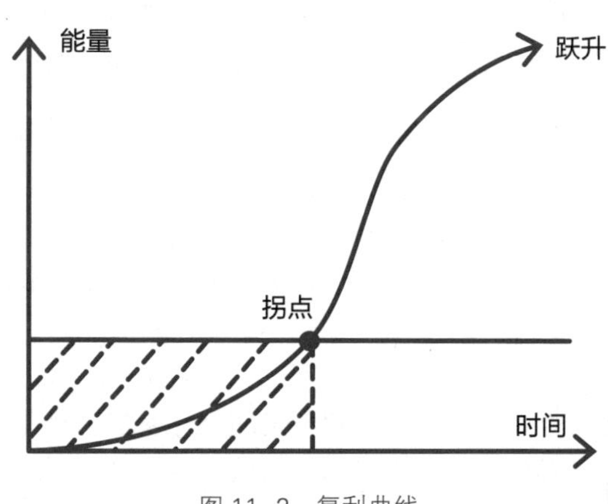

图 11-2　复利曲线

2011 年，我在搜狐公司刚开始做商务合作，目标是把搜狐视频 App 预装到所有的手机厂商里面。当时我其实也没多想，只是认认真真地做好和每个厂家的合作，和他们保持密切的沟通和协调，同时也和其他商务伙伴一起交流，分享资源。就这样坚持了 4 年，我已经累积了全国当时几乎所有的手机厂家和方案商的合作资源，同时也和当时上百家 App 的商务人员建立了非常好的关系。2015 年我开始创业，把这些资源做了有效的整合，代理手机厂家应用商店的推广资源，同时推荐 App 到这些厂家推广。就这样，我的年收入有了一个质的增长。如果当时没有前面四年一点一滴的积累，保持耐心，则后面的增长几乎是不可能的。

二、系统具有滞后性。

德内拉·梅多斯（Donella Meadows）在《系统之美》一书中提到，系统的反馈都具有滞后性。我们正在做的事情未必立刻就能看到成效，而是需要在系统内各关联因素相互作用后才能呈现效果。例如英语学习，在很短的时间里你可能几乎看不出什么效果，一般要坚持 6 个月之后效果才能逐步显现出来。

又如，发烧后即便是吃了退烧药，也不可能有立竿见影的效果。它可能至少需要几十分钟才能看到效果。

每个人可能都有短期内成为成功人士的美好愿望，我非常能理解这种愿望。但事实上并不存在所谓真正的“快速成功”，我所见过的那些成功人士几乎没有一个是短期就成功的。他们都经历了一个过程，哪怕身处发展速度最快的互联网行业的精英，蜕变也都经历了一个过程。

凡事都有其内在逻辑，耐心也不例外。最终你也会发现，那些有耐心的人，往往是能跑到最后的“胜利者”。

最后的“胜利者”

这样看来，耐心的确重要，很多事情“欲速则不达”。那又该如何培养自己的耐心呢？培养耐心的过程本身就需要耐心，就如跑步，跑前面 5 千米米、10 千米时，可以跑得很快、很轻松，到了 20 千米、30 千米就跑不动了，甚至可能要退赛。人生是一场更长距离的马拉松，在健康、爱情、事业等任何方面，我们都希望成为那个能跑到最后的“胜利者”。

耐心地读完以下几点，相信对你培养耐心会有所帮助。

第一，明白关于耐心的常识、规律，接纳自己。

很多时候我们没耐心，是因为不了解“大毛怪”急于求成的本性。现在我们知道了，就能更坦然地接受自己，接受自己会有“急”的时候。因为急于求成是人类的本性之一，它在漫长的进化过程中，它曾很好地保护了我们。现在我们也知道了“耐心”的重要性，成功需要量的积累，成功需要时间。有耐心的人更能成为最后的“胜利者”，看到更美的风景。

第二，不攀比，保持平常心，累积自己的势能。

我们的迷茫和急功近利，还有一个重要的诱因是受环境影响。例如，一些自媒体大肆渲染和贩卖焦虑，“年入百万”“抓住风口”“出名要趁早”等夸张、失真宣传，会让你更加“急切”。从本质上来讲，没有一个人的成功是可以复制的，没有两个人的生活能一模一样。每个人都有自身的特点和优势，每个人都是独一无二的存在，我们完全可以找到和发掘自己的优势，累积势能，一点一滴，不急不躁，相信自己一定可以打造属于自己的一片天地。

就如曾经跑 1 千米都会气喘吁吁的我，在慢慢地积累和锻炼中，最终可以跑 5 千米、半程马拉松和全程马拉松了；曾经口吃的我，保持耐心，一点点改变，最终站在演讲比赛的舞台上并拿下冠军。我可以做到，相信你也一定可以做到。

第三，面对困难时，坚定信念，延迟满足。

有句谚语叫作匆匆忙忙到不了拉萨，缓缓行走便能抵达目标。

一些人为了早日抵达目的地，匆忙赶路，由于速度太快病倒或累垮在路上，反而耽误了更多时间。而那些从容前行的人，到了傍晚就安营扎寨，夜望星空，享受着和同伴在一起的欢乐，第二天再继续前行，反而更早抵达了。

那个能锻炼和保有耐心的你，最终也将成为走到最后的“胜利者”！

第十二章

复盘：照见自己，才能迭代自己

每个驾车的人，或多或少都碰到过一些“交通事故”，剐蹭、追尾或陷入泥潭等，为什么会这样？是由于自己心急，还是开车时走神？或者，自己有惊无险地避免了一些事故，这又是怎样做到的？复盘这些惊心动魄的“故事”，是为了让我们在未来前行的路上，少一些“事故”。

网友丹妮问我：年底公司有个复盘会，每个人需要对一年的工作做个整体复盘，应该怎么办？她还抱怨说，之前也做过很多复盘，但发现并没有什么价值。为什么每次复盘都收效甚微，也没有做出实质性的改变，取得明显的进步，这是什么原因呢？

大家可能也经常碰到丹妮这样的问题，也确实花了时间去总结、复盘、反思，但却看不到效果，最终也就不太想花过多的时间去复盘了，或者就干脆放弃复盘。其实不然，我们没有看到效果，并不是因为复盘没有价值，而是很可能一直在做无效的复盘，没有理解什么是真正的复盘，以及如何有效地复盘。

在整个“行动”篇中，我们从酝酿愿望开始，在尝试中寻找可能，于专注中感受心流，在弹性中获取力量和保持方向，如果说有一个底层逻辑贯穿其中，那就是有效地复盘。这也是我了解的高手们能够持续精进的重要利器。他们都是怎样复盘的呢？接下来，就让我们走进真正的复盘吧。

那些曾经的复盘为何没有取得成效呢？

无效的自我复盘

是什么导致了我们无效的自我复盘呢？

第一，搞错了复盘对象。

在总结复盘会上，我们经常会听到这样的复盘："今年的目标没有达成，是由于环境确实比往年糟糕，产品部门也没有研发新的产品、销售部今年转成了线上办公，效率大幅降低……"

你会在自己的日记本上写下："今天很不开心，碰到了那个讨厌的人。我一看到他就烦，他在工作中总是拖拖拉拉、掉链子，严重影响了我的工作效率。今后一定要远离这种人……"

有没有发现，以上情形都似曾相识。我们在总结复盘的时候，往往会把复盘的对象聚焦在"环境""事情""他人"上，这是自我复盘无效的一个重要原因。在自我复盘和工作复盘中，复盘的核心对象其实只有一个：**自己**。我们无法改变环境，事情也已经是事实，而他人是他人。只要细想你就会发现，在整个复盘中，唯一能够调整和优化的就是自己，是自己的思维和行动。复盘的核心目标和价值也只有一个：通过反思自己的思维和行动，把自己当作资产，更好地完善和提升自我，使资产不断增值。也只有这样，你才能在下一次行动中达成更高目标。

桥水基金创始人瑞·达利欧特别强调了自我复盘的重要性，他说："如果你现在不觉得一年前的自己是个蠢货，这说明这一年你没学到什么东西。"只有有效地自我复盘后，才会得出这样的真知灼见。

在工作中，我们需要反思的是：我的哪些思维和行动，导致了项目的滞后；如果当时我做了调整，能否更好地实现目标。不要只是陈述事实，抱怨环境和他人。在复盘时，尝试把矛头指向自己，这才是有效的复盘。这非常难，因为人往往不愿意暴露自己的不足和缺点，但这是一个必经的过程，没有深刻的自我剖析，我们很难获得真正的成长。

第二，错失最佳时机。

我们往往喜欢在年底、半年或季度的时候做复盘，但这些时机都不是最好的。**最佳的复盘时机往往是在最痛苦和最快乐的时刻**。在现实中我们往往忽略了这些最佳时刻，因为得意时就容易忘形，痛苦时并不愿意反思，只想逃避。而痛苦一旦消失了，注意力往往也就转移了，忘记了复盘。错失了这些复盘时机，我们就很难从快乐和痛苦的经验与教训中受益。错过最佳时机，也是导致无效的自我复盘的一个重要原因。

在恋人"抛弃"你的痛苦时刻，其实是你对自己的爱情观和婚恋观复盘的最佳时刻。在这种时刻，你将知道是什么真正刺痛了自己。你把它总结出来，对下次的恋爱一定大有帮助。如果在这些时刻你不反思复盘，等时间修复了伤口，那大概率在不久后的某天，你可能会碰到同样的人，再一次踏入同样的河流，再次遭遇伤害。

在股市中也一样，只有你在损失惨重的时候，做深刻的自我复盘和反思才是真正有价值的。如果错失了这些绝佳时机，那很可能你会在下一次损失得更加惨重。

人在得意时很容易忘形，**事实上得意时同样是自我复盘的绝佳时机**。我们一定不要踏入一个误区，认为所有的复盘都是针对那些不好的、有待改善的行为。我们的成功时刻同样需要复盘。思考我们是凭借什么做到的，是运气，是努力，是由于自己掌握的技巧，是由于帮助了某个人等。在成功时除了庆祝，一定要把握这个绝佳时机进行一次及时的复盘，这将有助于你取得更大的成功。

总之，不是复盘没有价值，很有可能是我们把对象搞错了，或者是错失最佳时机了。

另外，还有一点容易被忽略，那就是我们特别容易忽略时间的价值。我们都希望复盘之后就能有立竿见影的效果，这也是一个误区。复盘和自我反省之后的成长不是立竿见影的，它不是速效降压药，它的影响是潜移默化的。有一句话说得特别好，很多人都高估了自己在一年内能做到的事情，也低估了自己在 10 年内能做到的事情。这句话同样适用于复盘和反思，只要你持续地复盘和反思，10 年之后你一定能看到一个不一样的自己。时间，会证明一切。

我们需要再深入反思，我们为什么会搞错对象，为什么会错失最佳时机，那是因为我们“不容易看到自己”，甚至很害怕看到自己。只有彻底明白这个原因，我们才能把矛头指向自己，敢于剖析自己，抓住时机，进行复盘并做出真正改变。

不容易看见的自己

你有没有发现，其实我们已经知道很多很多的道理，但最终没有做出多少改变。归根结底是我们并没有真正看清自己，复盘和改变也无从谈起。真正的改变，是从看清自己开始的，勇敢地把矛头指向自己，改变才会真正开始。

那么，是什么阻碍了我们呢？是我们的固有反应模式，也就是我们的习惯阻碍了我们。

前文提到，在我们慢慢长大的过程中，我们的头脑开始建立起一个“是非、对错、好坏”的二元对立的心智模式。

我们渐渐养成了一些习惯：要让自己变得足够强大和优秀，这样做我们和家长都会高兴；不能失败和犯错，因为这会让我们痛苦，让我们受到批评和指责，要尽力避免失败和犯错。这些渐渐成了我们的一种根深蒂固的习惯。这些习惯甚至成为我们背后的主宰。“需要保持优秀和卓越、要出人头地”，这些潜意识一直陪伴我们走入社会，拖拽着我们一路狂奔。当我们成功之后，我们很可能被“成功”的习惯所蒙蔽和控制；当我们对他人失望的时候，我们又被“失望”这个习惯所控制，就如你见到那个“讨厌的人”，其实也是一种习惯。操纵这一切的，就是这些习惯。而阻碍我们的，也正是这些根深蒂固的习惯。当我们没有看清这些控制我们的习惯时，我们就是这些习惯的奴隶和工具，在很大程度上失去了自由。当看清这些习惯之后，我们就有了选择的可能性，就有机会真正改变。

习惯是怎样让我们在复盘时搞错对象和错失最佳时机的呢？

我们在复盘中容易抱怨环境，抱怨他人，是因为那个“不想受到批评和指责”“我需要优秀，我需要有面子”的习惯控制了我们，让我们不能直视自己，不能把矛头指向自己。同样，我们不愿意抓住“痛苦和快乐”的复盘时机，是因为“痛苦本来就让我难受、受伤”，我的习惯是“希望它赶紧过去，希望它不要待太久”，当我被这个习惯控制时，就没有心思去复盘反思，巴不得它快快过去；快乐是让人舒服和愉悦的事情，我们的习惯是“舒服和愉悦的时刻就应当好好享受”，当我们被这个习惯控制时，哪有时间去复盘反思呢，快乐还不够呢。

总之，复盘之路在本质上是要找到一面镜子，可以照见真实自我和看清自己的习惯，看到自己的局限、差距和可能性。这样我们才有更多的选择，才可能真正改变当前，更好地继续前行。

找到镜子，照见自己

复盘的过程，就是找到镜子照见真实自我的过程，看清自己思维和行动中的优势和问题，在后续或保持或优化。在这个过程中你将不断迭代升级，你会发现自己改变和成长了。那么，在现实中有哪些“镜子”呢？

“足够痛和足够爱”的时刻，是两面非常好的镜子。我把它们称为“灵光乍现的时刻”，因为这些时候是照见、看清自己的最佳时刻。

一个口口声声说要锻炼和重视健康的人，对“重视健康”的理解是极其有限的。只有躺在医院病床或手术台上，深切感受到生命是如此脆弱的那一刻，他才能真正意识到“健康”是如此重要，锻炼身体也是如此重要。所有的“伤痛”时刻，都是观察、看清和反省自己的最佳时刻。

爱也一样，我曾在某社群听一个年近八旬的阿姨和我讲，她在生完孩子的那一刻，感觉到这个世界“突然”变了。变得极为敏感，觉得那一刻她不仅爱自己的小孩，也爱世间的万物，觉得万物都是有生命的。自那以后，她对身边人和事物的感受都发生了一些变化，变得没有那么急躁，变得更加温暖和平和。听完她的讲述后，我那一刻特别受触动。这个充满爱的时刻的觉察，让她发现了一个不一样的自己，也让她的生活变得更为温情有爱。

另一面很重要的镜子是他人。

有一句话说得很深刻：你眼中的你不是你自己，别人眼中的你也不是你自己，你眼中的别人才是你自己。也就是说，我们通过别人可以特别容易照见和反省自己。

我梦醒时喜欢记录一些梦，然后试着作分析。我在大学时做过一个非常“凶残”的梦，梦到自己把同学T杀了。为什么会做这个梦？后来我通过分析发现，T身上的很多“缺点”在我身上都可以找到，而且是我非常“痛恨”的、特别想改变（杀掉）的缺点，但现实中的我又没有努力改变。于是我通过梦境来改变缺点（杀掉T），“实现”了自己的愿望。正如弗洛伊德所说，梦是愿望的实现。

在这个梦境中，很明显，我在同学T身上看到了自己，看到了自己的缺点。这个梦让我反思，原来自己身上的这些“缺点”是那么严重，所以在后来的日子里我开始试着逐步改掉这些“缺点”。

我在之前很长一段时间里，对有一丁点儿“结巴”“口吃”的人非常敏感，甚至不太想和他们交流。为什么呢？因为我在他们的身上看到了自己。

我自己之前就有很严重的口吃，每次说话时总担心被人嘲笑，这让我很不舒服。这种“潜意识”让我非常不喜欢任何出现“口吃”的时刻，包括那些有“口吃”的人。

由此可见，他人是一面很好的镜子。我们很可能会在那些“不喜欢的人”身上，更好地看见自己，从而了解和改变自己。

这里的他人，包括任何人，不只是那些你“不喜欢的人”，还有比我们更有智慧的人、比我们成功的人，也可以是那些“不如自己的人”。

总之，在日常生活中，我们可以把他人当成镜子。他人，是照见自我，复盘自我，反思自我的一面重要镜子。

提着灯前行

接下来，我将为你提供几个复盘工具，这些工具有点像“手电筒”等照明工具，可以帮助我们有效地复盘自我，在照见自我中更好地前行和改变（见图 12–1）。

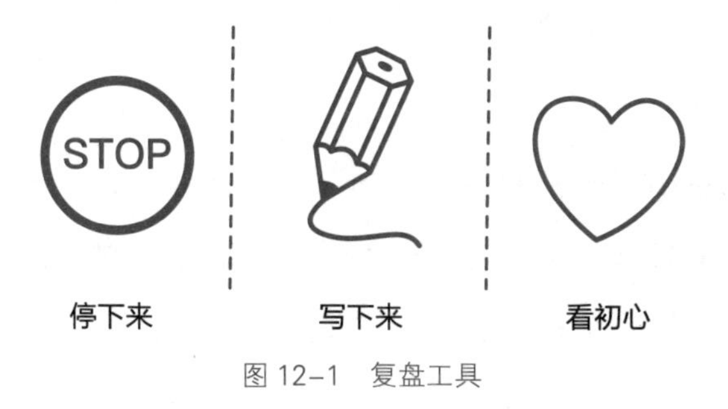

图 12–1　复盘工具

第一，停下来。

繁重不堪的工作已经将我们的时间挤得满满当当，又哪有时间和心思去停下来复盘反思呢？

我们的人生就像一辆在路上不断前行的汽车，动力是“要优秀、要强大、要出人头地（不是说这些不好）”。它们不断地驱动这辆汽车拼命地奔跑，却很少停下来，看看这辆汽车到底要去哪里（难道只有富裕、强大吗？），看看这辆汽车是不是油不够了，方向盘和离合器有没有问题，刹车片是不是该更换了……每一次复盘，其实更像是一次检修、保养和加油，是为了我们更好地再出发。

要适当地停下来，给自己放一个假。我们可以休息一下，想想自己的工作、生活、初心。我之前无论是在创业还是在写这本书的过程中，每年都会给自己一两个假期，让自己彻底放松下来。因为在紧张、连轴转时，效率往往是很低的，没有新的东西进入大脑，反而会陷入被一件事情控制的“稀缺”状态，难以自拔，看不清自己。

有一年，一个同事因过度劳累去世了，这对我震动很大。我请了 10 天假，去福建一个安静的寺庙调整了 10 天。那 10 天里的思考，让我对工作有了新的认知，对我以后如何更好地兼顾工作和生活有了新的启示。

小约瑟夫·巴达拉克（Joseph Badaracco）说：慢下来或者说沉思，需要我们有意识地终止分析性思考、成本效益分析、提前规划等常规的思维习惯，只是处在当下，保持认知。停下来可以让你真正看清并彻底理解什么是最重要的。偶尔停下来是为了更好地前行。

第二，写下来。

人的感觉往往是模糊不清或稍纵即逝的，要把这些感受一一写下来。写下来之后你就能发现："原来我是这样的啊！"写下来的那一刻，你其实就是在审视自己。写下来是一种抽离，就像一面镜子，你可以很好地照见自己，这样就能更好地观察和反思自己，看到自己的优点和需要改进的地方。

我有一个比较好的习惯就是写日记，每天睡觉前我会花 10~30 分钟时间把自己在一天中认为有价值、有收获的感受或可以优化改进的事情记录下来。字数不限，少的时候几十个字，多的时候近千字。这个习惯自 1996 年开始，截至 2023 年，已经坚持了 27 年，中间几乎没有中断过，累计写了近 30 本日记了，如图 12-2 所示。在 2022 年 2 月的一篇日记中，我记录了带孩子爬山这件事情，在此分享给大家。

图 12-2 笔者 1996 年至 2023 年所写的部分日记

今天是让我非常愉快和感动的一天。3 岁半的可宝（孩子的乳名）竟然登顶了海拔432米、全程约5千米的深圳塘朗山，而且全程都是她自己走完的。她是如何做到的呢？今天的登山给了我很多启示，让我感受到了探索、引导和鼓励的价值及意义。

（1）把看似“艰难”的登山变成“探索”之旅。

孩子有非常强烈的好奇心，可以有效地引导和激发。我们可以一起找蚂蚁，听鸟叫，看蜜蜂和蝴蝶，寻找她心心念念的猴子（开始一直没有找到），看看不同的花朵和树木。遇到不认识的我就用App搜索结果告诉她，这些活动都大大调动了可宝的好奇心。她今天自己找到了好几种动物。此时需要父母也进入“童真”状态，像孩子一样具有好奇心，和她一起探索，真正投入和沉浸其中，不是为了登山而登山，那样可能很无趣。

（2）保持足够耐心，有效引导和鼓励。

久未远足，刚走几百米她就要抱，大人不能立刻陷入“抱或不抱”的二元选择中。要相信孩子可以独立完成一些挑战，保持耐心，可以引导她走一段休息一会儿。要知道，一旦抱起她，这个小小的登山挑战就失败了，她也不会有任何成就感。上半程确实走得有点困难，甚至偶尔还有哭闹，但我一直牵她的手，耐心地引导和鼓励她。到后半程，她不再抱怨了，状态好了很多，步伐矫健起来。在离山顶还有一小段路程时，她竟说了一句让我和爱人感动的话：“爸爸妈妈，我不要抱了。我自己可以走，我可以完成的！”那一刻身为父亲的我心头涌上一股暖流。

（3）“奖励”是次要的，体验过程更重要。

出发前我准备了牛奶、棒棒糖，还偷偷准备了一个小小的奖牌。登顶后，我从口袋中掏出奖牌给她戴上，她高兴极了，对她来说这是意外的惊喜。当然，体验登山的整个过程，通过自己的努力完成一个小挑战，远比一个棒棒糖和奖牌更有意义。

很幸运，上山路上她一直心心念念的野生猴子，竟在下山途中巧遇了，可宝高兴得不得了。她瞬间变成“猴子宝宝”，称呼我为“猴子爸爸”，下山后还自己编了很多关于猴子的故事。

对孩子保持耐心，加上有效引导和鼓励，相信孩子可以完成一些让你想不到的事情，这是愉快的一天。其实任何一件小事，只要用心去感悟，都能让我收获良多。感谢这一天，感谢女儿给我的启示和感动。

有好的想法，有好的启发，你一定要写下来。写下来本身就是一种复盘，就是一种照见。27 年的日记就是这样照见我一路走到现在。

第三，看初心。

看初心是我们反思的一个重要工具。我们在复盘自己的行为和结果时，可以参照的一个坐标就是初心（它可能是我们的年度目标，也可能是我们坚守的价值观和世界观）。不要一路只是低头干活，要时不时抬头看看方向，看看是否还在正确的道路上，如果发现了偏移，及时纠正它。

我们做事情都有目标和初心。它们在我们的行动中是很容易被忘记的，很多时候甚至会偏离目标和初心。

我曾经尝试学习做视频号，一是尝试一下这个新事物，二是想看看是否有变现的可能性。为此我还花钱去学了一些所谓“媒体大牛”的课程，内容是教你如何做“爆款”，结果发现所谓的“爆款”大部分是通过抄袭、复制、制造噱头等产生的。尝试了半年之后，我发现这些做法有违我的价值观。我认为任何分享，最好是发自内心的、有价值的，是要做“价值增量”的。如果只是复制、只是为了吸引用户不择手段地制造噱头，那便不是我想要的，也不是我的初心。所以半年后，我果断放弃他们传授的那些“吸睛大法”，还是坚持做一些有价值的原创分享。尽管这样做收获的关注度并不高，但符合我的初心。

我们做的事情是否符合初心和自己的原则，这是一个非常重要的“手电筒”。我们应该经常用它来“照一照”我们前行中的动作，帮助我们更好地复盘，看看动作是否变形，进而可以更好地改变和完善自己的思维和动作，更好地前行。

有了这些复盘工具，我们就可以更好地照见自我的思维和行动，做出更理性的决策和行动。叔本华说，浑浑噩噩地忙碌于工作和娱乐，从不做任何反思，这就好比从人生的纺锤上随意撕扯棉花，根本不清楚生命的目的和意义是什么。

平凡如我辈，不可能每天都经历惊涛骇浪的生活，但哪怕是平凡人的日常生活，我们依旧要有期待和梦想。在人生之车上，复盘就是一次次的检修和加油，能够助力我们顺利前往目的地，祝愿每个人都能到达梦想之地。

生 命 力 篇

能 量 满 满

生命力，

是你人生之车的能源供给和保养系统，

能量满满，

助人安心前行！

第十三章

精力：满满能量哪里来

人生之车已经更新了底层系统，优化了一系列操控系统，一切接近完美，请再检查一下能源系统，给油箱加满油，再开足马力，奔驰于人生之路。

不少人一天中最放松的时刻，便是每天下班回家后，舒服地躺在沙发里，吃着自己喜爱的零食，看自己喜欢的视频，听自己喜欢的歌。

在放松时，时间似乎过得飞快，不知不觉几小时就过去了。当时针划过了零点，你才想起明天还要上班，赶紧洗漱准备上床睡觉，一碰到床你又情不自禁地拿起手机，直到实在支撑不住了，方肯倒头睡去。第二天起床时，你需要反复按下定好的闹钟，然后睡意朦胧地赶去上班。昨晚睡得并不算太好，今天工作时你略显疲惫，繁杂琐碎的事情让你感觉有点累，做得似乎也没那么顺心，如果每天都如此这般度过，升职加薪将遥遥无期。

经常听到年轻人和我说，现实中被疲惫所困，结果常常事与愿违。

朋友 K 是个特别有上进心的人，六七年来，在某互联网大厂拼命工作，终于从小职员升到了小组长。他回家不做家务、不带孩子，经常被爱人数落。白天的工作已经消耗了他大部分精力，实在累得不行了，但励志书上说，人与人的区别就在于下班后的精力怎么用，可当他拿起《财富自由之路》时，很快就睡着了。

为什么精力管理这么难，是否有方法能帮助我们更好地管理精力呢？

能量“电池”

精力管理并不是一门多么深奥的学问，只是我们没花时间去了解罢了。

精力不够的主要原因是体能不足，体能是我们精力的基础。如果人体是一台智能手机，那体能就是手机电池，筋疲力尽的时候就代表手机电池没电了。如果没有及时充电，手机就要关机了。

我的儿子才两岁，我发现他似乎有用不完的精力，要么在玩玩具、要么在奔跑追逐、要么哼唱着曲调不明的小曲。在游乐场可以连续玩上四五小时不休息，为什么一个两岁孩子的精力如此旺盛呢？原因很简单，因为他充了足够长时间的电，孩子每天要睡眠充电 12 小时，进食充电 2 ~ 3 小时。他的电量总能保持 100% 的状态，也就是说，他体能充足，所以可以追逐奔跑、快乐玩耍。如果体能不够了，喝点奶又补充了能量，他的“电量”便又能回到 100% 的状态。

精力管理专家托尼 · 施瓦茨（Tony Schwartz）认为，体能是精力和生命力的核心，影响着我们管理情绪、保持专注、创新思考和投入工作的能力。

现在我们知道了，感觉累是因为自己体能不够、“电量”不足。就如人体这台手机，早起时“电量”只有 60%，白天要处理的事情又特别多，需要打开很多 App 运行，那我们一定很快就没电了，自然会很累很困了。

谁“偷”走了我的精力

我们已经知道体能是精力的基础。那你一定很想知道到底是谁“偷”走了精力。

我们还是以人体手机为例，就能很好地理解这件事情了。电池电量降低时，我们要仔细看看，消耗电量的主要是哪些 App。有些 App 是很明显、很确定的，例如用了多久微信、看了多久短视频、用了多久导航软件，等等。就像工作时，拜访客户需要多少精力、开会需要多少精力、制作 PPT 需要多少精力，都是很明确的。

但你会发现，同样是手机，电量也差不多，为什么我的手机电量消耗得比别人快呢？因为，有一个隐形的、不容易觉察的耗电高手：我们在熄灭手机屏幕时，自启动的 App 还在工作，并在快速消耗电量。你有没有发现，有时手机明明还有不少电，并且熄屏了，但过几小时打开一看，提示电量低了，是后台运行的 App 导致的。

午休时，小智和小愚都坐在工位上闭目养神。尽管小智闭上了眼睛，但注意力总放在上午的一件事上：老板为什么把事情 1 安排给小愚，把事情 2 安排给自己，是不是有什么别的动机？是不是老板对我有意见？看来我在公司的前途不妙了……闭目养神的半小时里，小智的大脑高速运转着，狠狠消耗着“电量”，“电量”从午休前的 50% 快速下降到 30%。小智这个状态就是大家熟悉的“精神内耗”。而小愚则没多想，他积极乐观，心安理得地接受了事情 1，午休半小时他很快睡着了，关闭了所有程序，并开始快速充电。等午休醒来时，他的“电量”又恢复到 70% 的水平，下午又可以精力充沛地继续工作了。

同样的手机，由于运行的 App 的差异，耗电量就有了区别。

同样的午休，小愚能够掌控自己注意力和情绪，主动关闭不必要的程序，快速充电。小智则还在后台运行程序，不仅没能充上电，反而在消耗“电量”。

可见，注意力和情绪也会影响着我们的精力，能够自主掌控自己的注意力和情绪，主动关闭一些不必要的程序，以积极乐观的态度面对工作和生活，减少精神内耗，有针对性地使用精力，并且随时补充精力，我们就可以像小愚一样，保持一个精力较好的水平。

电源能否自造

关闭程序确实能节约电量，这是“节流”的方法，那是否存在一些方法，可以激活电源，源源不断地供给电量呢?

确实有，你没有发现，有些人睡得比我们少，但他们不仅能做很多事情，而且看上去精力充沛。他们是如何做到的呢?其实也没有多么神秘，因为他们是在做自己喜欢的事情，把自己的专长用于服务他人、创造更多的价值上。他们在这个过程中找到了价值感、成就感。

如果你特别喜欢网络游戏，大概有过这样的经历：玩了很长时间，在过关斩将，不断升级的过程中，队友给予你许多鼓励和赞许，你不会觉得这件事情很累，反而能给你带来源源不断的力量。

我曾就读的中学要举行80周年校庆，我就特别想做一件事：帮母校收集校史资料。我觉得这是一件特别有价值的事情，它不仅能承载母校一段很有价值的历史，同时也能帮助新生更好地了解学校。总之，我想到这件事情就很兴奋，很有力量。这个愿望如此强烈，促使我不断去各处收集学校的相关史料，激励我主动去找校友募捐，去收集历届校友的精彩事迹，并将已收集的这些史料、访谈视频等捐赠给了母校。

这算不上什么大事，但它让我有了不一样的感受：当你赋予一件事情意义时，它会成为一个能量源，源源不断地给予你力量。

如果我们是一台太阳能手机，那么意义就是太阳。只要有阳光照耀的地方，手机就能源源不断地补充能量。

尼采说："知晓生命的意义，方能忍耐一切。"知晓了生命的意义，我们就有了目标和方向，就有了源源不断的动力和能量。

所以你再也不用惊讶于身边那些精力充沛的朋友了，那很可能是他们找到了事情的意义所在，可以是任何事情："登顶一座山""养活一个家""经营好一间小餐馆"，只要心中有了一个小太阳，哪怕遇到一些困难或是身体疲惫，他们也能重新打起精神，继续前行。

总之，我们精力不足深感疲惫，主要有三个原因：体能不足，"电量"不够；注意力分散，启动的程序太多，导致耗电太快；所做之事不能给自己带来动力（见图13-1）。

图 13-1 能量充足与否的原因

当我们知道了这些原因，精力管理就变得相对容易、有的放矢了。

我的好友 T 就是一个精力管理的高手。他很乐观，很少焦虑，每次看到他都是乐呵呵的，工作上也颇有成绩，绩效考评经常拿 A。我们来看看他的一天是如何度过的。

他每天 8 点左右起床，午餐后会晒晒太阳散散步，还能小憩一刻钟，饮食很规律，极少暴饮暴食。

在工作上，他做事极有次序，从不手忙脚乱，懂得要事优先。他到公司后会把手机放在一旁，抽出一整块时间先把最重要的事情处理完。他每天早上洗漱时，会定下当天要做的三件事，做完一件再做下一件，专注且投入，从不浪费自己的精力。在上班的空闲时间，他还会在工位上做做“米”字操，下午茶时间放松片刻，补充一些能量。下班时，他手头的事情也完成得差不多了。

他告诉我，他并没有多伟大的梦想。他只想把自己该做的工作做好，不加班也不攀比，把工作之外的精力分配在家庭和自己的兴趣上，找到工作、家庭和兴趣三者之间的完美平衡，不抱怨、热爱生活，就是他的人生目标和

“小太阳”。

他也很少加班，下班就回家享受自己的美好时光，他回家后喜欢下厨，晚餐后花半小时和孩子互动。其他时间，他就做点自己喜欢的事，看电视剧、听音乐或看书，每天 23 点准时上床，保证每天 8 小时的睡眠时间。

好友 T 的精力充沛的生活，看似没有什么特别的，但是他暗合了精力管理的三个要点：体能“电量”够充足、注意力可控不耗散、做事自赋意义。

这也正是精力管理的要点所在。

精力管理的三大要点

精力管理的三大要点分别是体能充足、减少耗能、自造能量。

体能充足 = 吃好睡好 + 适度运动。

不会睡觉就不会工作。成年人一般需要 6~8 小时的睡眠时间，每个人的生物钟不一样，但尽量不要熬夜，睡眠要规律。睡眠是我们充电的重要方式。睡眠时，我们头脑中白天思考所产生的杂质（脑髓）会被代谢，保证第二天我们能以清醒的头脑面对新的工作。中午小憩 10~20 分钟有助于下午有个良好的精神状态。

睡觉时保证自己处于一个黑暗的环境中，尽量远离手机，降低因和手机的接触而影响睡眠的可能。手机蓝光会影响褪黑素的分泌，而褪黑素能够起到促进睡眠的作用。睡前也可以放点舒缓的轻音乐或白噪声帮助入睡。

科学饮食的原则是少食多餐，多吃营养指数高的食物。它们是保证能量供给的核心来源，精制谷物和甜食不宜多吃。另外，多喝水，每个成年人每天需要补充 1.8~2.5 升水。

每周保障不低于 2 小时的运动时间，这有助于我们提升精力。没有时间可以见缝插针地利用时间，例如午休时可以散散步。运动可以增强我们的心肺功能，增强血液循环，同时我们也可以通过汗腺排掉体内毒素。

生物科学认为，我们体能的来源，主要是氧气和血糖的化学反应所产生的能量。二者和我们的睡眠、饮食、运动密切相关，充足的睡眠、科学的饮食、适度的运动是“电量”充足的关键。

减少耗能 = 不纠结、不内耗 + 每次只做一件事。

前面讲到，我们手机耗能快有两个主要原因：后台启动了一些不需要的程序；一次性开启了多个程序。我们想要减少耗能，就不要在一些自己假想的事物上纠结、内耗，应当用积极乐观的心态看待事物，不过多纠结。另外，我们应当每次只做一件事情，不建议同时处理多项任务，而且要先将精力放在最重要的事情上。这也是彼得·德鲁克在其著作《卓有成效的管理者》中所强调的观点。

我曾和不少优秀的创业者交流过，他们的一个共同特点是，做事不纠结。他们极为珍惜自己的精力，很少做多余的动作。他们判断一件事情时会很谨慎，但是确定了不做就不会再想，确定了要做，就义无反顾。

自造能量 = 做自己喜欢和擅长的事 + 赋予其意义感。

找到自己喜欢和擅长的事，用于助力他人和服务社会，创造价值。同时，它也能让我们找到自己的使命，能赋予我们巨大的能量，给我们提供源源不断的动力。

茨威格说："人生最大的幸运，莫过于他在人生中途，即在他想象力丰富的壮年发现了自己的人生使命。"

乔布斯曾说："你的工作其实会占据生活中的很大一部分，你只有相信自己做的工作是伟大的，才能够安然自得。如果你还没有找到这样的工作，那你要继续去找，不要停下来，要全心全意地去找。当你找到的时候就会知道，就像任何一种真诚的关系，随着岁月的流逝，它只会与你越来越亲密。"

当你找到那件能赋予你能量的事情，当你不纠结不内耗，当你有充足的体能支撑工作和生活时，你就具备了一个优秀的精力管理者所需要的素质。

最后，你需要用一个习惯去把它们串起来。你知道如何营养饮食，知道应该早睡早起，知道什么事不用纠结，知道哪些事情能给你带来能量，用一个习惯把它们串起来，一旦养成了习惯，你就不需要用意志力和自律来要求自己了。就如早上穿衣、刷牙一样轻松自如，以满满的能量迎接每一天的到来。

我一天的精力管理清单

7 点左右起床，起床之际想好今天要做的三件重要事情。起床之后的第一件事是叠好被子（新一天完成的第一件事情），喝一大杯温水后，进入半小时如厕时间，边如厕边看书（我在马桶旁边会放一摞书，每早看10~20页，雷打不动）；然后会在一个公益读书社群中，分享10~15分钟（输出），然后洗漱，之后就是边吃营养早餐边听新闻。

我在开始工作的第1小时用来做今天最重要的一件事，然后再做其他工作，杜绝同时做几件事情的情况。每工作1小时休息10分钟，看看窗外的风景，做做颈椎“米”字操。

吃完午饭去楼下散步半小时，在晒太阳的同时听听书，然后午休15~20分钟（这个短暂的午休习惯我从初中起就养成了，它对我非常重要，可以帮我恢复精力，助力下午高效工作）。

下午茶时间补充点水果和饮料，同时休息放松片刻。下班后去运动30~60分钟，跑步、游泳或打乒乓球等。

和家人一起共进晚餐，同时会保证和孩子们有一小时的互动时间。在孩子们睡觉前会一起读绘本或给他们讲故事。最后一件事就是写日记（从1996年开始坚持至今），写完日记差不多23点准备睡觉，入睡前会听点舒缓的音乐或“为你读诗”公众号发布的内容帮助入眠。

第十四章
时间：用好这把利器

极速狂飙的确能让你体会“快”的快乐，感觉很爽快，但是如果被这种感觉控制，也是极其危险的。

我到深圳已有 10 个年头，每次途经蛇口南海大道，看到那块全国闻名的“时间就是金钱，效率就是生命”的大路牌，心头就会一紧：我有没有在浪费时间（见图 14–1）……

图 14–1　蛇口南海大道路牌

在这样无声的催促中，我的步行速度都快了不少。有一次我去大理参加一个学习班，发现深圳学员的步行速度，都明显快于来自其他地方的同学。

有一次坐飞机，坐在我旁边的一个年轻人，正在用 2 倍速看剧，我问年轻人："你这样看剧累不累？"他回答道："是有点累，但可以多看几集啊。你不也是倍速看吗？""我也是，1.5 倍速，哈哈……"原来，不知不觉中，我这也在被时间赶着走啊。

商家们利用人们求"快"的心理，推出了诸如"速成班""极速学习方法"等，都希望能在最短时间里，帮你获得更多。

我的朋友 D，研究生学历，本来在北京的工作很稳定，也有不少时间能陪伴家人和孩子。他前些年到深圳来"淘金"，给自己设定了明确的截止时间，用 3 年的时间，必须赚多少钱、认识多少人、读多少书……我看了他的目标清单后，很是震惊。有目标确实是值得称赞的事，但每次我看到他都感觉他疲惫不堪，即使这样他还觉得时间越来越不够用，为什么会这样呢？

加速的时间

在当下，你会觉得时间过得很快，觉得时间不够用。其实加速的不是时间，而是我们对于时间的感觉。

科技的高速发展，是一个重要的助推器。

最近几十年，科技，尤其是手机和移动互联网的快速发展，把我们带入信息大爆炸时代。相对于以往略显单调匮乏的生活，通信、娱乐、信息变得唾手可得，仿佛"一机在手，天下我有"。手机及软件的发明，正如传播学者马歇尔·麦克卢汉（Marshall McLuhan）所言，已然成为人类的一个器官了。看看直播、刷刷短视频，时间一晃就过去了，所以你会觉得"时间"过得太快了。

时间被切成无数碎片，而每个碎片时间的消耗几乎都是无法察觉的。刚开始做一件事情，几分钟就来了一个电话，刚接完电话工作没几分钟，微信信息又来了，做一件事情总是被打断若干次，我们难以集中精力，时间被切成无数碎片。但这些无法察觉的碎片时间叠加起来，却占用了我们很多时间。据中国互联网络信息中心（CNNIC）的《中国互联网络发展状况统计报告》数据显示，截至 2022 年 12 月，中国网民每天花在手机上的时间平均已经超过 4 小时。

近几十年，我国经历了一个快速发展的阶段，从一个物资相对匮乏的时代，快速步入一个物质极为丰富的时代，人们的抓举感和获得感，比以往任何时候都强烈。“时间就是金钱”“时不我待”的观点已经深入骨髓，人们总想在短时间里获得更多，这种紧迫感，总会让人感觉时间过得很快，不够用。

我们所处的环境，尤其是部分自媒体也在推波助澜：“××× 最近在股市又赚了 ×××”“轻轻松松年入百万”……于是人们会给自己设定可能并不适合自己的目标：一年赚 100 万元、读 100 本书，跑 1000 千米……一旦带着“时不我待”的强大惯性工作和生活时，如果在预计的时间没有达成自己的目标，未能够“暴富”“成功”，我们就会感觉时间不够了，会觉得又失去了什么。心理学家丹尼尔·卡尼曼把这种心理称为“峰终定律”。我们只看得到那些高光时刻和结果，却忽略了过程，而这个过程，其实是需要时间慢慢累积的。罗马不是一天建成的，本质上也不存在“一夜暴富”，它背后是专业和时间的积累，辛苦的付出，再加上一点点运气。

所以并非时间加速了，**而是我们感觉时间加速了**，我们被裹挟在“时不我待”的抓取感中，甚至被裹挟在“暴富”这一不实际的欲望中。

当被这些不自知的感受推着走时，我们其实已被时间奴役了，成了时间的“奴隶”。也许你会问，我们是否还有翻身“做主人”的机会呢？

当然有，只要你耐心读完下面的内容，就会发现做时间的主人，其实也是一件很简单的事情。

在做时间的主人之前，我们需要弄清一个很重要的问题，就是“时间都去哪儿了？”有句歌词是“还没好好看你，眼睛就花了”，那我们就趁眼花前来看看，时间都去哪儿了？

时间都去哪儿了

看清时间去哪儿了的最重要方法，其实非常简单，就是记录时间。

也许你会觉得这么简单的事情，不值得做。我以前也有这样的想法，当我最初看到这个方法时，也是不屑一顾的。所以即使我看了很多关于时间管理的书，也并未发生什么变化，我还是被时间奴役着，还是做了时间的“奴隶”。所以我决定用时间记录法记录我的时间。

没有记录时间时，你不清楚自己的时间都去哪儿了。大脑篇已经讲过，大脑中海马体的记忆非常短，不记录很容易就忘了。完整地将时间记录下来，你就可以对自己的时间进行有效分析了。

于是几年前，我花了半年时间，认真记录自己的时间。每刻钟或半小时记录一次，可分为时间、内容、具体事项三列，颗粒度尽可能细一些，如表 14-1 所示。

表 14–1 我的时间记录表格（部分）

时间	内容	具体事项
7:30-8:00	早读及分享	早读《老子他说》，在读书社群中分享了有关对“天地不仁，以万物为刍狗”的理解
8:00-8:30	早餐、听新闻	和孩子一起吃早餐，听她讲她的梦，听新闻 10 分钟
8:30-9:30	写作时间	专注修改了行动力篇中的《耐心》一章
……	……	……

不记不知道，记录之后吓一跳。通过记录，我发现每天都有惊人的碎片时间被浪费了。例如，没有准备的会议，微信上一个朋友的突然闲聊，晚上没有必要的饭局应酬等，都可能花去很多时间。除去睡觉、吃饭、通勤的时间，人每天的可用时间并没有想象的那么多。很多时间，在没有自控力的情况下，很轻易地被浪费了。

记录时间，是管理时间的首要步骤。不是记录一天或记录一周，而是记录一个月、半年、一年或更长时间。只有足够长的时间记录，才可以进行整体和全面的分析。管理大师德鲁克建议至少记录三个月或半年。时间管理大师、昆虫学家亚历山大·柳比歇夫（Alexander Lyubishcher）用 56 年时间详细记录了自己的一切行为，他一生发表了 70 余部学术著作。这些管理大师都指出记录时间的重要性。

记录时间后，有效分析时间并找出行动方案，是管理时间的重要步骤。例如，一周之后对于自己记录的时间进行有效分类，哪些用在工作上，哪些用在学习上，哪些用在生活娱乐上。这些分析整理对你的帮助很大，对在各板块累计消耗的时间有清晰判断和自我认知后，才能为后面的行动方案做好准备。

分析时间后，根据自己的需求设定目标，再有效地分配时间。

有的时候，我们在制订目标时，容易忽略一个重要的维度，就是时间量，根本没有考虑它可能需要花费多少时间。比如，我给自己制定一个读书目标，每年读 50 本书。但以我平时的读书速度，每分钟只能读 300 字，一本 15 万字的书需要一刻不停地读 8.5 小时，读完 50 本就需要我每天至少花 70 分钟阅读。而事实上，我每天只有 40 分钟的阅读时间（一年不间断只能精读 30 本），这个随便制定出来的目标，显然不合理，目标设定为 25~30 本更为合理。运动、工作、陪孩子等的时间设置都需要根据实际情况来设置，需要量力而行，而不是随意决定的。

我们一周有 168 小时，大概 60 小时用来睡觉，60 小时用于吃饭、娱乐、学习、通勤、发展自己的兴趣等，40 小时用于工作（以一周工作 5 天，每天工作 8 小时算）。在这几个板块中，如何分配时间，需要根据自己的实际情况来安排。

时间对人生来说是不可再生的资源，用完就没有了，不用它也会自动流逝。

时间管理的方法非常多，例如，GTD[①]时间管理工作法、四象限法则、番茄工作法等，这里不再赘述。这些方法的核心还是实践本身，《番茄工作法图解》中文版译者大胖老师告诉我，番茄工作法创始人弗朗西斯科·西里洛（Francesco Cirillo）在日常生活中，身体力行地在用番茄工作法管理自己：每工作 25 分钟，休息 5 分钟。

我们学习的目的不只是为了学道理、学知识，更重要的是要用于实践，以提升效率，提高我们的生活质量。就像我们记录时间，不是为了记录本

① GTD 就是 Getting Things Done 的缩写，意思是“把需要做的事情处理好”，是一个管理时间的方法。——编者注

身，而是为了更好地分析和管理时间，做时间的主人。

做时间的主人

如何做时间的主人呢，在记录时间和掌握时间管理方法后，有六个要点可以帮助你轻松做时间的主人，如图 14–2 所示。

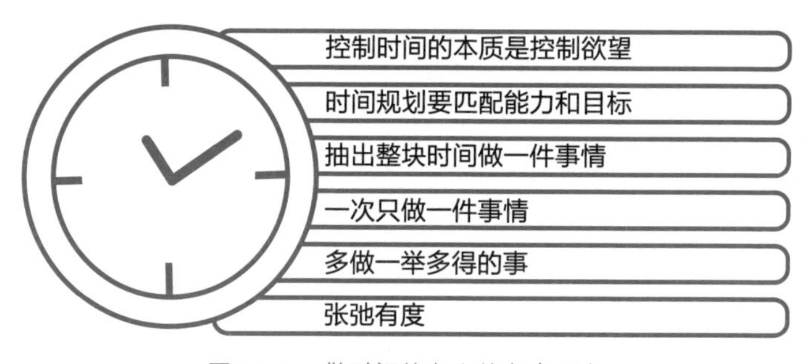

图 14–2　做时间的主人的六个要点

第一，控制时间的本质是控制欲望。

我们表面上是被时间控制了，被时间拽着跑。但其本质是被欲望控制了，是被和他人对比控制了。当你放下不切实际的欲望，放下对比，找到自己喜欢的东西，就不会再被时间控制。你会量力而行，降低预期，更珍惜成长的过程，真正成为时间的主人。

朋友 D 积劳成疾，生了一场大病，还做过一次手术。自那之后，他不再设定那些在多长时间内必须达成的、不切实际的目标，又回归到自己擅长的事情上，找了一份和他的专业相关的工作。接下来，他的状态好了很多，并且也有时间陪伴家人和孩子了。上次和他吃饭，他的状态特别好，很平静地对我说："现在这样的生活挺好的，之前太急切了，想要的太多，总想证明自己比别人强，总想着'暴富'，现在看来，身体、家人才是真正重要的事情。"

第二，时间规划要匹配能力和目标。

规划好时间的前提是，你的目标和你的能力是匹配的。就像前面读书的例子，你只有这么多时间，只能读这么多书。当你有了合理的目标，就需要砍掉那些不必要的事项。时间规划与能力和目标匹配以后，你的时间一定是充裕的、够用的。

我记得创业时有一次去北京出差，我在一天内竟然拜访了18位客户。我是怎么做到的呢？

我在出差前，把所有客户的具体地址都一一做好了标注。经过整理我发现：客户集中在中关村和望京，并且有些客户离得非常近，例如中关村的百度、新浪、网易、滴滴等公司（我们合作的客户主要是互联网公司），于是我就把拜访他们的时间段尽量按顺序提前约好，每家公司20~30分钟。我在中午和晚上还约了三位有时间的客户。我前一晚就住在位于中关村的酒店，然后按客户地址由近到远的顺序，从中关村一路拜访到望京。因为我有备而来，和客户聊得都还不错。从早上9点到晚上11点，当我回到酒店，发现一天下来竟然顺利地完成了18位客户的拜访，成就感满满，而且并不觉得很累，洗个热水澡就舒舒服服地睡觉了。

所以很多情况下我们不是时间不够，而是规划不够合理。中学课本上的出自华罗庚的《统筹方法》一文就很实用，利用烧水的时间，可以把其他事情做了，这与时间管理是同一个道理。

第三，抽出整块时间做一件事情。

从开始记录自己的时间后你就会发现，很多事情做不好，是因为有太多干扰，无法集中整块时间做事，或者同时在做几件事。这就需要我们掌握一些已经被专家们反复证明有效的时间管理方法了。

你有没有发现当你正在做一件事情时，如果被别人打扰了，你被打断的工作要重新捡起来其实是需要花不少时间的。脑科学家发现，大脑有个特点就是，正在做的事情一旦被打断，人就容易分神，就需要花更长的时间恢复连接，效率也会变低。

所以，我们可以抽出整块时间来处理一些工作。尤其是重要的工作，可以在一天中精力最好的时间段来处理。例如，我在创业时，一般会利用上午刚上班的一个半小时，处理重要的事情及和重要的客户进行沟通，将准备方案、开会等工作放在其他时段。

第四，一次只做一件事情。

一次只专注做一件事情，做完再去做第二件事情，一心多用往往适得其反。

调查研究发现：同时执行多任务会降低效率、降低人的智商。心理学家说："人在同时执行多任务时比较容易分心，在做一件事情时难以克制自己去做另外一件事的冲动。"伦敦大学在 2005 年开展的一项研究显示，在执行多任务时，人的智商在短时间内会下降。他们测试了同一组对象在不同环境中的皮肤导电水平、心率和血压等指标，第一次在安静的环境中测试，第二次在容易分心的环境中测试。测试结果显示在容易分心的环境中，大家的平均智商下降了 10%。

专心致志地做一件事，远胜于同时做多件事。能把一件事做好，相信其他事你也能做好。

第五，多做一举多得的事。

有一段时间我很想锻炼自己公开演讲的能力，同时又特别想尝试一下新兴的视频直播。于是我就想到了直播演讲，我通过视频直播的方式锻炼自己的公开演讲能力。它同时满足了我演讲和直播的需求，尝试了几个月后，我的公开演讲能力、直播能力都得到了大幅度提升，如果还能有商业变现的机会，那就是一举三得。如果在一段时间内只做一件事情，它能有效地解决多个问题，那就值得去做。

例如，现在北上广深等一线城市的职场人士的通勤时间比较长，在职场上又需要不断学习充电，那是否可以在通勤的路上听听书，学习一下呢，这不失为一个一举两得的方法。我记得自己刚毕业的前几年在公交车上就读了很多书；又如，你喜欢跑步，又喜欢听书，你就可以在慢跑的时候听听书。这个方法很简单，相当于把时间复用了。

第六，张弛有度。

我们还要学会休息，学会张弛有度，劳逸结合。人就像一根橡皮筋，该松则松，该紧则紧，如果总是紧绷着，它很可能会断掉。时间管理大师柳比歇夫说："每个人都应当花 10 小时来睡觉。"你看，时间管理大师似乎都懂得如何更好地劳逸结合，而不是一味地使用时间。

看完以上内容，你对于时间及时间管理也许重新有了一个认知，比你想象的要简单许多吧。

现在你知道了为什么会觉得时间过得快，也知道了如何记录时间，看看时间都去哪儿了，同时你还掌握了我们做时间主人的一些方法。接下来，你就可以把这些内容，运用在你的实际生活中了。

苏格拉底说："当许多人在一路上徘徊不前时，他们不得不让开一条大路，让那些懂得时间的人走到他们的前面去。"

第十五章

真诚：再不诚实就来不及了

驾车旅行中，困了累了你就应立即靠边停车休息；系统提醒胎压不足或需保养了，就别抱侥幸心理继续行驶；油量不足就赶紧前往加油站（别真以为还能开 15 千米），要遵从自己和车辆的真实想法，这是成本最低的方式。

炎热的夏天，刚跑完一个 10 千米，大汗淋漓，此刻身体特别渴望来一瓶冰镇饮料。坐下来畅饮刚买的冰爽饮料，绿道上有位超级美女（帅哥）缓缓走来，你的眼睛会忍不住跟随她（他）再走一段。人的身体是不会说谎的，非常诚实。

不真诚的，往往是深藏在内心的思维。一旦启动思维，人就如一台高性能计算机，开始计算得失、利益、是否恰当等，计算完再通过行为表现出来。心理学家丹·艾瑞里（Dan Ariely）说："我们一方面希望自己是诚实可敬的人，另一方面希望从'欺骗'中获益。正是这两种冲突的计算博弈，决定了我们不诚实的程度。"

多年前，我约一位女生共进晚餐，这是我们二人线上认识半年来，第一次线下约会，两人见面后互有好感，相谈甚欢。

晚餐后我送女生到她家楼下，当时已是深夜。女生温婉地说："你住得离这很远吧，明天还要上班，你早点回家去吧。"我停顿了一下，略显吞吐地回道："不远，明天上午我不用上班，请假了。"然而，实际情况是我离她的住处还挺远的，压根也没请假，我只是想和这个女生再多待会儿。其实在我"停顿"表达前的瞬间，已经计算了：目前和她在一起的时光最珍贵，明天不上班的损失无所谓，说离得不远有利于我能和她多待会儿，于是我就编撰了一个"浪漫"的谎言。当然，这个女生，现在已成为我的妻子。

善意和浪漫的"谎言"我们都能理解，它对别人没有伤害，还能增加自己的幸福感。这里讨论的不真诚（谎言），是指会伤害他人的谎言。而真诚是要以一颗坦荡明净的心，面对自己和他人，不抱怨、不矫情，不欺骗、不伤害。要做到这样的真诚确实很难，从古人反复的陈述中，我们亦可窥见它真的很难做到，但又非常重要。

有一次我去北京拜访一位百岁老人，他是著名学者许德珩的得意门生（1946 年考入北京大学），也是一代大儒梁漱溟先生的忘年之交，他喜爱传统文化，并研究 80 余载，90 多岁时每天还认真坚持写作 8 小时，在 97 岁时出版了巨著《中华经史纲要》。和他交流后，我问他对我有何忠告，他缓缓移步到案台，拿起那支熟悉的毛笔，浓浓地蘸上墨汁，缓缓地写下一个大字："诚"。我问其深意，老人语重心长地说："一生所悟，唯此字也。"

"诚"字要用一生去悟，可见做到真诚的确很不容易，需要我们有极大的勇气。

真诚并不容易

真诚很难，主要和四个因素密切相关，而这四个因素我们又难以割舍，这大概也是真诚不容易的原因，如图 15-1 所示。

图 15-1　真诚不易的四个因素

第一，切身私利。

我们要更好地生存和发展，有时候就很难不为“切身私利”所困，如为了达成业绩或获得某个订单，一不小心就“不诚实”地夸大其词，在方案中展示一些可能做不到的“承诺”或“服务”。这种情形我也经历过。以这样“忽悠”的方式拿下来的客户，如果最终没有兑现相关承诺和服务，最后大概率也是留不住他们的，很可能适得其反，给客户留下一个不好的印象。

有一次我去拜访著名的营销公司华与华，他们的一位合伙人说，他们的业务之所以能在 20 年里保持持续增长（包括新冠肺炎疫情期间），原因就是坚持：“不欺骗、不贪心、不夸大”。这在营销界是比较罕见的。他继续跟我说：“项目在经过审慎的评估后，哪怕客户有大预算，如果有做不到的要求和服务，我们也会直接和客户说，‘这些要求，我们做不到，另请高明吧，感谢你'。”“不欺骗、不贪心、不夸大”这一价值观，被写在他们公司门口处最显眼的位置。经营企业和做人一样，如果能坦然接受自己的“不能”，就有可能“无所不能”，就有可能保持持续的成长和发展。

第二，面子。

我们在影视剧里，经常能听到一句经典台词：你让我这脸往哪儿搁啊！因为各种各样的原因，我们常常选择“死要面子活受罪”。

我本科毕业于一所农林院校，在毕业后的很长一段时间里，我在与名校毕业的朋友交流时，被问及从哪所大学毕业时，都会感到一丝羞愧。这就是太“珍爱”自己的羽毛了，担心说出来别人可能瞧不起自己，怕在别人面前丢面子，而怕丢面子的背后，往往是一种被积压良久的自卑或懦弱。

心理学专家认为：当人们被幻想的高大形象（面子）操控时，其本质是不自信，是在刻意回避，隐藏自卑和恐惧，担心“形象”的失败给自己造成伤害，从而实现一种自我保护。在公众场合，如果一个人担心出丑、没面子，他往往选择坐在后排，或者把自己隐藏在某个安静的角落。

其实，越躲避反而越容易自卑，形成更大的心理压力。正如哲学家索伦·克尔凯郭尔（Soren Kierkegaard）所说：“你所害怕的，正是你所渴望的。自信、真诚地展现和表达自己，才是最好的解药。”

第三，惯性力量。

无论是在家里还是在学校里，当我们在“犯错”时如果遭到过多的指责批评，而不是引导，我们就会拼命地想在长辈或老师面前表现良好，而不敢袒露那个做得不好的自己，不敢承认自己的错误。于是在课堂上，老师要点名回答问题时，如果自己没准备好，我们就可能特别担心点到自己。“何思平，你来回答一下这个问题。”“怎么是我？”我可能会面红耳赤地站起来，答得吞吞吐吐。如果是一个开朗、真诚的孩子，可能会大大方方地站起来：“谢谢老师给我发言的机会，可这个问题我真的不会。”

不要被那些不好的惯性束缚了，不要封闭自己，要诚实地面对自己，这可能是从自卑到自信的一条重要蜕变之道。

第四，环境影响。

“我本将心向明月，奈何明月照沟渠。”

人类有一种天生的自我保护机制，它通常出现在这些情形发生之后：当你真诚对待他人时，却遭遇对方的欺骗；当你付出真情实感时，却被对方愚弄。我也很难接受这种现实，尤其是当亲密关系遭此创伤时，那个极为重要的精神内核容易随之崩溃。于是你在失望中沉默了，失去了对外界表露真实感受的动力。这是造成我们很难真诚的另外一个重要原因。

看了上面的分析，你是不是发现，真诚并不是件容易的事。它背后竟然受这么多我们不易觉察的原因的支配，切身的利益、怕丢的面子、惯性的左右、环境的影响。

看到真诚如此之难，那是不是就得过且过了呢？其实，我们看到了它，才有机会改变它，为什么要改变它呢，因为它会带来巨大的危害。那接下来，就让我们看看不真诚会带来哪些危害。

不真诚带来的危害

社会上确实存在一些不真实、不真诚的情况，这种不真实、不真诚，也给我们带来诸多危害，归纳起来主要有三项危害：**造成“更高的成本”“更多的虚伪”“更深的痛苦”**。

除非你一开始就真诚，否则你需要用一个谎言掩盖另一个谎言，层层叠加，它的成本是非常高的，甚至是无限的。这会造成社会资源的极大浪费。如果在一个不真诚的环境中做生意，你就会预设对方是一个“骗子”，于是你也会用不真诚的语言向其试探价格。双方需要经过反复、多次试探，才可能提出一个双方都能接受的价格，如果都是真诚的明码标价，直接交易，时间成本肯定是最低的。

经济学的博弈论中曾做过一个实验，研究什么样的交易成本最低，结果显示是大家都坦诚时的成本最低，同时大家获得的利益最大。只要双方都选择说真话，那是成本最低、最经济、最节约的方式。

一对年轻的男女谈恋爱，双方都隐藏实情，遮遮掩掩，不够坦诚，最终的结局可想而知。当真诚缺失之后，虚伪便开始主宰我们的心灵，越找不到真实的自我，就越容易在虚伪中迷失自我。不知道什么是真实的自我，精神内耗就会越来越大，人也会越发焦虑不堪。

如果夫妻间不真诚，充满着试探和欺骗，那么彼此就会缺乏信任、婚姻就会出现裂缝；如果周围环境充满着欺骗和利用，诚信的基石也不复存在，人们便易患上心理疾病，人找不到知心和信任的朋友，会变得越来越痛苦。

一旦失去真诚，我们会变得越来越虚伪，会变得越来越痛苦不堪。

这就是不真诚带来的危害，远比想象的严重。你和我，都不希望生活在一个充满谎言的世界里，我们如此渴望真诚，那要做到真诚是不是很难呢？

真诚没那么难

我们知道不真诚的主要原因，我们也知道了不真诚带来的危害，因此我们已经具备了改变不真诚的前提条件。在没有讲如何走向真诚之前，我们其实已经开始走上了真诚之路，在还没开始之前，我们其实已经成功了一半了。

接下来，我补充三点，希望能帮助你轻松走上真诚之路。

第一，自我觉察和感知。

前面讲了不真诚的原因，我们就可以有的放矢地应对了。在遇到利益纠葛、面子问题、惯性力量和环境问题时，就是真诚的最好时刻。

如果仅为了一点私利而欺骗，问问自己那值得吗？这样做会失去朋友和无法持续合作；当“面子”想要出来逞强而伤害自己时，问问自己，这些所谓的“面子”真的那么重要吗，如果我实话实说了，长期来看对我真会有什么损失吗？如果没有，我是否可以自信地说出我的真实情况呢？当惯性跳出来的时候，我们可以暂停一下，告诉自己，我不是惯性的奴隶，我要成为它的主人，我可以选择不被惯性左右，我可以一步步地改变，变成那个更好的自己。至于不能改变的环境问题，我至少可以先从自己开始，对自己真诚。

只要我们在以上时刻，觉察和感知到自己的“不真诚”，我们就有了选择的权利，就可以选择成为那个不虚伪、不痛苦的真实自我，成就自信、真诚、阳光的自我。

每个人都有不真诚的时候，这很正常，也无须自责。我们不用着急，一步步走出虚伪，相信你最终一定能活成自己想要的样子。

第二，接受和接纳。

人非圣贤，孰能无过。每个人都或多或少，会有不诚实或说善意谎言的时候。所有的改变都基于接受和接纳，只要接纳自己的真实存在，就有了改变和超越原来自我的机会，从而也才有可能真正改变人际关系。接纳自己曾经的不真诚，接受别人的“不真诚”，因为你也知道真诚没有那么容易。先接纳，再去慢慢改变，这也是走上真诚的重要一步。不要让已经发生的事情成为你的心理负担，先接纳它，才能放下它。

已经发生了的事情，也没有必要遮掩它。诚实接受自己的过往和现状，反而可以更加轻松。马克·吐温（Mark Twain）曾说：“好的时代在我们前面而不是我们背后，我们应当多往前看。”

面子在本质上并没有那么重要，很多时候“端着”是很累的。爱自己的重要前提就是接纳自己，一旦接纳了自己，就会变得很轻松，感觉轻松了其实就是在逐步改变了，人会逐步变得更有爱，更能理解和包容自己和他人。

著名心理学家卡尔·罗杰斯（Carl Rogers）说：“爱是深深地理解和接纳。”无法接纳自己，就无法改变和无法爱自己，无法走出懦弱。当我们以接纳的心态聆听自己时，就有机会成为更好的自己，也能感受到自己更有能量和生命力。

第三，真诚表达和行动。

躲避并不代表它不存在，问题只是被搁置起来了，如果我们不用真诚和行动化解，它们就很难消解，而最好的方式，就是真诚地表达自我，勇敢地呈现自己的脆弱。对自己如此，和他人相处亦是如此。真诚表达也是减少不必要的成本的最好方式。

基于事实说真话，实话实说，不否认自己的感觉，不隐藏自己的内心，这样才能与他人建立起真诚的关系，而真诚的关系本身就具有强大的治愈力。有时候我也会和爱人出现矛盾，解决矛盾的最佳途径就是真诚地沟通和表达。例如，有段时间我花了很多时间在和同学的社交上。我看爱人心情不好，于是双方坦诚地说了各自的想法，没有欺骗和隐瞒，原来我们各自有一些臆想的误会，通过真诚地沟通，问题很快就得以化解。心理学家斯科特·派克（Scott Peck）说："一切心理治疗的本质就是鼓励人说真话。"莎士比亚也坦言："老老实实最能打动人心。"

人并不完美，有时也不真诚，但我们可以觉察它、接纳它，并且逐步改善它，就会逐渐化解那些积压已久的虚伪和痛苦，活成自己想要的样子。荣格说："人在遇到挑战时，要带上全部的真实性去应战。唯有如此，他才称得上完整。"

此刻，你也获得了有关真诚的一切。

第十六章

共情：不仅仅是爱你

探索行进的道路上，我们可能会碰到求助、超车和鸣笛，等等。我们应以何种心态来应对这些情况，我们又能从这些情况中，获得怎样的启示和能量呢？

婴儿向你微笑，你也会情不自禁地微笑；看电影到动情之处常常会泪流满面；看到身边的朋友结婚，你也能感受到他（她）的那份喜悦，为他们祝福。我发在朋友圈的内容点赞最多的一条，正是结婚的那条。其实每个人，都有感受他人痛苦和美好的能力。

亚当·斯密（Adam Smith）在《道德情操论》中提出，人类的天性就是会关注别人的命运，为别人的幸福而感到满足，为别人的不幸而感到悲伤，看到不平而感到不满。虽然这些事和我们没有什么关系，可我们会在意，我们会不由自主地想象别人的事情发生在自己身上，并产生共鸣，这就是我们常说的共情，也就是同理心。

曾经有一个年轻工程师去微软面试，面试官问了他一个问题："如果你看到一个婴儿躺在马路上哭，你会怎么做？""拨打 911。”年轻工程师不假思索地回答道。面试官送工程师出门时，拍拍他的肩膀说：“小伙子，你需要更有同理心，如果一个婴儿躺在马路上哭，你应该去把这个婴儿抱起来。”小伙子一直没有忘记面试官的这句话。

在加入微软 25 年后，这位小伙子成了微软的首席执行官，他就是萨提亚·纳德拉（Satya Nadella）。凭借着同理心，萨提亚·纳德拉刷新和重塑了微软的企业文化和产品，在云计算和人工智能（如 ChatGPT）等领域，取得了重大突破和进展，让微软再次回到了巅峰。同理心的关注对象是人（人的需求），萨提亚说：“同理心是我做事的核心准则。”

被误解的共情

A 和 C 自大学起就是无话不说的闺密。后来她们都到了同一个大城市工作，各自开启了自己的工作和生活。由于工作繁忙，再加上 A 最近恋爱了，所以她们现在两三个月才能见上一次。毕业之后她们聊天的内容，已经主要转向了情感和工作，不再是大学时代无拘无束、天南海北地聊了。

有一次 A 找到 C，把最近失恋的伤心事告诉了 C，说发现男友竟然背着她在和另外一个女生约会。她无法接受这个残酷的现实，准备分手，说着说着就哭了起来。C 在听完 A 的哭诉后，看到闺密受到了伤害，情绪也被触动了，不禁也悲伤起来。她也不知道怎样安慰她。很多天来，C 都替 A 感到难过，消耗着自己的情绪，也没有好心情工作，心里诅咒着 A 那个背信弃义的男友。

看到这里，你可能会觉得 C 其实是一个很有共情力（同理心）的好闺密。现实生活中，我们也很能感受他人的情绪，并且经常会被社交中的一些情绪牵绊和左右，无论是闺密还是同事，容易陷入朋友或他人的情绪中。

其实能感受到他人的处境和情绪，当然是非常好的，但这只是共情力的一个方面。很多时候，我们能够共情极有可能是因为我们之前也体验过共情对象的情绪，从而产生的一种情绪共鸣，C 之所以有 A 的感受，除了说明她确实和 A 的关系很好，还有另一种可能是，C 也曾经在恋爱中受过伤，A 的诉说激发了 C 曾经的伤心感受，激发了她自己的情绪共鸣，所以她特别能感受 A 的痛苦。有个成语叫“同病相怜”，说的就是这种现象。

但这不是共情力的全部，这只是共情力的一个方面，是它的一个基础而已。

共情力不仅是感受他人的感受，更重要的是理解和接纳他人的感受，并能协助其走出情绪的旋涡，而不是自己也完全被这些情绪消耗。就如 C，她能感受到 A 的情绪，但是她反而被这些情绪裹挟了，不仅没有帮助 A 更好地走出困境，而且还让自己陷入悲伤的情绪之中，这不是我们要的“共情力”。

共情力 = 理解 + 引导。

哪怕是在生命中没有经历过“失恋”这件事情，我也知道闺密确实很悲伤，我很能理解她，并能接纳她的悲伤情绪，那一刻我也会很悲伤，但我不会被这个悲伤情绪裹挟。一旦被裹挟，它反而成为一个“消耗源”，我们要做到的是理解和引导。

当我理解和接纳闺密失恋的悲伤之后，我能做些什么帮助她，这才是“共情力”需要思考的。我可能会走到她身边给她一个深深的拥抱，我可以帮她分析这样的“渣男”不值得为其悲伤，失去一个不爱她的人不是损失，而是给自己机会找到更好的人。我会尽力引导她、帮助她走出“失恋”的情绪困境，鼓励她重新面对生活，这才是真正的共情力。

一个真正懂得共情的人，会懂得理解和接纳对方，并且会力所能及地引导和帮助对方解决问题，摆脱困扰。他不会困在对方的情绪中，他可以入戏很深，但他出戏也很快。他会让共情成为获得经验和生命力的重要来源，因为这样做可以帮助他看到自己，还可以帮助他人走出困境。

真正的共情，不仅仅是爱你，还能帮助你，成就你。

当你拥有了共情力，你就会像爱自己一样，爱上这个世界，也希望助力这个世界变得越来越好。

“共情力 = 理解 + 引导”不是一个空洞的公式，我们这里看到的共情力（同理心），其实是人类在长期进化过程中的选择。物种在演化过程中，强大的物种为了族群生存和繁衍，对弱小的同类天然地产生关注和爱护之心。当同类碰到危险时，危险信号通过语言或非语言的表情、动作、眼神、姿势等，刺激我们大脑中负责恐惧的杏仁核，驱使我们产生理解，做出决定和行动，引导和帮助他人。

清华大学心理学教授彭凯平说，同理心是社会关系的基础，是道德的心理基础，也是文明的象征。能够理解别人的感受，人就有了自控之心，能够有效控制自己的欲望、冲动和本能。有了这样的能力，人类的道德心随之而来，也就是“己所不欲勿施于人”，这就是同理心的价值，它是良知的基础。

价值千金的共情

没有人能独立存在，我们生活在复杂的关系之中。**如果说真诚是与自己**

相处的良药，那么共情就是我们社交中价值千金的法宝。

美国杜克大学和宾夕法尼亚大学曾针对共情力做了一项持续 20 年的研究，他们跟踪和记录了 750 个孩子的成长过程，发现在幼儿期就有共情力的孩子，长大后进入一流学校的概率更高，并能获得不错的工作。华盛顿大学医学院的专家证实：一个孩子的共情力越强，就越善于社交，未来也会越幸福，也更容易养育具有共情力的下一代。

多点理解，就会多点幸福感。

工作中，新来的员工把安排的一件事搞砸了。你是怒不可遏地指责批评，还是报以同理心理解他呢：想到自己刚入职场时也做错过事情，也是在领导的理解下获得了支持和成长，于是果断再给他机会尝试，引导他、帮助他下次避免犯错，做得更好。作为有共情力的下属，相信他一定能理解领导的用心，下次尽力把领导交代的事情做好。双方都互相理解了，关系上就能更稳固，工作上也更游刃有余。

下班回家时，尽管我可能早已身心俱疲，但共情力让我知道：爱人带孩子打理家务也不容易。所以回家后我都会给爱人一个拥抱，周末时一家人外出吃饭，我会敬爱人一杯，说一声：“老婆，辛苦了！”而她也能感受到我的用心，同样会回敬一杯。多一点理解，多用共情力，家庭也能更和谐，更幸福。

在真实的社交中，你理解他人的不易，他人也能理解你的不易。由于每个人的出生背景、环境有所差异，再加上受教育以及与社会接触的程度不一样，致使每个人的认知也会有差异。但这些其实并不重要，重要的是我们能够保持一颗有共情力、能理解和接纳他人的心，并把它释放出来。

运用同理心，创造更多价值。

萨提亚·纳德拉加入微软几年后，他和爱人一直期待的孩子出生了。但是给他们重大打击的是，他们的孩子扎因大脑重度瘫痪，一辈子只能坐在轮椅上。他们对这个不幸的孩子，报以深深的共情和理解，从未放弃。扎因喜欢听音乐，但他却无法在艺术家列表中自如地选择音乐。扎因的语言治疗师和另外三名高中生为了满足扎因的需求，于是根据其痛点开发了音乐播放应用，并在扎因轮椅的一侧安装了一个传感器。他可以轻松地用头触碰这个传感器，浏览和聆听自己喜欢的音乐。这个产品给扎因和像他一样在轮椅上的孩子，带来了我们可能无法体会到的、价值无限的快乐。

产品经理张小龙，也是在深入理解用户对沟通和表达痛点后，不断琢磨和优化，才开发出微信这款产品的。它不仅能让用户的沟通更为便捷，也成为支撑腾讯公司市值的核心支柱。

在一个创业营上，有一位身价不菲的企业家，他的几个商业项目每年都有数亿利润，我向他请教他在商业上能取得成功的秘诀是什么。他只回答了四个字：**我知你心**。以同理心理解客户、合作伙伴的痛点，然后不断去满足他们的需求，可以创造出更大的社会和市场价值。

当你有了共情力（同理心），你也会理解每个人的价值和能量是不一样的，每个人的优势也是不一样的。你就更容易和别人合作，实现 1+1 ＞ 2，就如 8 年前我之所以选择合伙创业，就是因为我和合伙人都能相互理解，在知道了各自优势之后，我们可以将优势有效整合，并在合作中相互理解和支持，这样就创造了比单独创业大得多的价值。

解决冲突，凝聚更多力量。

发生冲突时，要多站在对方角度看问题，多了解对方的立场和初衷，才能连接自己和他人的内在本质，进而求同存异，消除误会和矛盾。不挑衅对方，减少抱怨、责怪和嘲讽，转而赞扬、鼓励和谅解，我们的人际关系就会变得更为愉悦、和谐。

人们在相处过程中，凭借人类自有的共情力，感受他人的处境、换位思考，逐步形成了一套能够共同遵守的行为规范，这就是道德感。如果有人违背了道德，我们就会反感；当自己行为违背道德之时，我们会感到惭愧甚至自责。我们都希望被好好对待，不希望坏事发生在自己身上，当我们看到或想到一件坏事的时候，我们会情不自禁地想象同样的事情也可能发生在自己身上。这些以共情力构建出来的愿望，共同孕育了人类的道德标准。例如，我们都会对恃强凌弱的行为表示愤慨，对于助人为乐的行为表示赞扬，等等。

这也是孔子所说的“仁”，仁的本质就是将心比心，用自己的心感受他人的心，己所不欲，勿施于人。

共情力是我们在与他人共处中的终极能力。

如何升级你的共情力

我们知道了共情力是人的天性之一，也知道了它在社交中、在商业中、在解决冲突中能创造价值。那么，是否有简单的方法，可以帮助我们升级共情力呢？当然是有的，如果你能逐步学会并尝试以下这些简单的方法，相信你的共情力一定能有所提升，并以更好的状态，迎接和他人共处的美好时光。

多看艺术作品，多角度思考问题。

有些人喜欢以缜密逻辑就事论事，不太注重情感的交流。

心理学分析认为：多看文学、电影或艺术作品，可以有效提升共情力，因为这些作品能体现人类的丰富情感和内心活动。理解这些情感，能够潜移默化地提升我们的共情力。研究表明，对虚拟作品的阅读例如小说，能够显著提高我们的共情力，增加我们对他人苦难的关怀，让我们变得更加善良，更加乐于助人。

多参与一些利他项目，有助于提升共情力。

多参加一些公益活动，让自己参与实践，我们更容易感受到共情和助人的快乐。

多理解他人，在和他人互动中促进关系和谐。

当然，过度的共情力也可能让人感到疲惫，给人带来伤害，所以要明智地使用共情力。共情力不是迎合别人的情感，而是要理解和尊重他人的情感，充分考虑这种情感以及这种情感可能引起的后果。我们不能利用共情力来伤害他人。

总之，共情力是人的天性，我们可以好好利用和挖掘，它不仅仅是“爱人”，还是尽己之力去帮助他人。培养共情力，我们就可以在与他人的交往中收获更多。

第十七章

平衡：做个快乐的魔术师

车内有很多操控键及仪表盘，方向盘、油门、刹车板等，车外有限速牌、红绿灯、变幻多端的天气和不同的路况。有经验的司机们仿佛懂得一门艺术，懂得如何在这么多的要素之间找到一种微妙的平衡，以一种最优能耗的方式，优雅从容、安全稳健地驶向目的地。

一个人在饮食上营养不均衡，可能会导致诸如肥胖、疾病等问题。其实在学习上也一样，我记得中学时身边一些同学，单科成绩极好，但对不喜欢的科目成绩糟糕，结果偏科拖了后腿，和理想大学擦肩而过。而各科成绩都还不错的，很多都考上了理想的大学。等毕业上班之后，也会经常碰到这样一些同事：他们只知道默默地干活，工作确实也做得很不错，但几乎不和他人交流，甚至和一些同事关系还有些紧张。而另一些人做事马虎，但对他人友善，沟通交际能力很强，把周围关系打理得很好，很受欢迎。到最后你会发现，那些更有发展的，既不是前者，也不是后者，而往往是那些工作、沟通能力兼具的人，他们既能把事办好，又能很好地处理人际关系，往往在职场上游刃有余，发展得非常好。

你也许会说，这样的人不多吧。确实，在现实生活中，要做到方方面面都完美平衡，的确很难。而实际上，我们往往扮演着以下角色。

“消防员”

傍晚5点，还在敲着键盘忙碌的小何，突然接到一个任务：“小何，有个重要的急活，明天上午10点前，把给B客户的方案做好，李总在等方案。”手头的活还没忙完，突然接到急活，让小何低头不语，陷入沉思和纠结。因为这天晚上，是女友的生日，二人早已约好晚上7点吃烛光晚餐，9点看电影。小何的内心纠结又难受：计划好的浪漫之夜该怎么办，如何跟女友开口呢……

我有个亲戚，40多岁，也在深圳，在某大厂负责项目跟进工作。有几次周末两家人吃饭，刚刚坐下，他的电话铃声就响起了，然后一出去就是半小时，等回来的时候我们已经吃了一半，他坐下吃了5分钟，电话再次响起……“十分抱歉，这个客户太重要了，我再出去下，等会儿就回……”等他再次回来时，我们的饭也吃得差不多了。中途他出去的那段时间，他家10岁的孩子嘟囔着说：“爸爸每次都是这样，说要带我去迪士尼乐园，已经说了半年了。”孩子妈妈只是摇摇头，叹了口气。

以上场景，你大概也在工作和生活中碰到过。且不说保持工作、生活之间的良好平衡了，一些日常小事都已让我们焦头烂额，左右为难。我们每天匆忙穿梭在工作、生活之间，成了一个“消防员”，哪有火苗去哪里，救完一场又一场，似乎永无止境。最后发现，自己总陷于各种事情的纠缠、撕扯之中，让自己疲惫不堪，心力交瘁。保持平衡，似乎只是一个美好的愿望。

此刻，你大概迫切想知道，是什么让我们成了消防员，是什么导致了我们的失衡呢。原因，其实也没有那么复杂。

失衡的“罪魁祸首”

没有厘清的“衡”。

有个原因其实很明显，我们在说“失衡”或“不平衡”时，心中先得有个“衡”（古代“衡”通“秤”）。也就是说，如果没有“衡”，也就无所谓“失”。很多人之所以成为“消防员”很可能是并不清楚自己要平衡什么。

现实生活中，当我们并不清楚自己想平衡什么时，就很容易“失衡”。说好的今年要存点钱，但看到自己喜欢的包包时还是没忍住；定好了减肥计划，晚上 10 点好友一个邀请吃夜宵的电话，想都没想，就迫不及待地回复，“好的，在哪儿？我马上到！”；说好的周末要陪孩子去儿童乐园，客户的一个电话，自己几乎没有纠结，就赶紧收拾行李准备出差去了。

我们的所有“出尔反尔”，是由于对自己想要的平衡并没有那么明确。当你对平衡模糊不清的时候，就会不经意让渡自己的时间、精力和资源，而这些资源（时间、精力）本应该可以放到更重要的事情上面。当你做了那些“并不重要的事情”时，才发现已经造成了“损失”和“失衡”，所以不知道“衡”，是失衡的“罪魁祸首”。

平衡的本质就是对时间、精力、注意力合理分配。平衡的前提是知道自己要平衡哪些事项。若自己也不清楚需要做哪些平衡，我们就会被事情推着走，成为一个繁忙的消防员。所以平衡的首要问题，是知道自己要平衡什么。

缺乏“次序”的大脑。

当你清楚地知道自己要平衡什么时，你更不易走偏，如图 17–1 所示，若你现在知道圆饼中只有 ABC 三件事需要平衡，那么 DEFG 这四件事就可以剔除了，你有了锚，知道了取舍。但 ABC 应该如何按重要性排序呢？各自的比重又是多少呢？重要的 A 占 60%，次要的 B 占 30%，排最后的是 C 占 10%。在头脑中这样排序，你就有了清晰明了的认知，做事也就不会过于慌乱了（见图 17–1）。

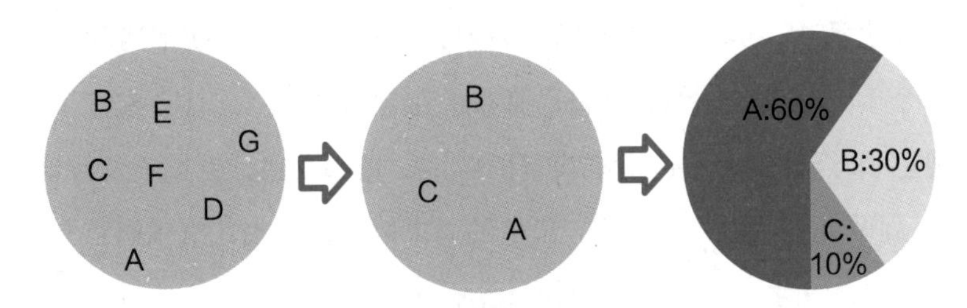

图 17–1　让事情在大脑按重要性排序

假如现在你是一个高三学生，离高考只有一个月了，这时有一个为期十天、免费的“英国名校游”活动，错过就没有机会了。这时你大概率会放弃这次免费机会，因为你知道此时更重要的是什么事情。“好好复习迎接高考，考入理想的大学”是这个阶段最重要的事情。它在这个阶段里的重要性排名第一（可能占了阶段性事项中 90% 的权重），此时你根本不需要纠结、徘徊和选择，因为答案就在那里。

当你心中明确了多件事情的重要性次序之后，就不会有那么多纠结了。就如前面提到的小何，如果当天他要和女友求婚，那么约会就是目前阶段最重要的事情，他完全可以和领导说清楚，说明这件事情的重要性，希望领导能够理解，这个临时工作可以先安排给其他人来完成，下次再优先安排给我。这样一说，相信领导大概率会同意你赴约，并且还可能祝福你。纠结是因为你不知道此刻是这个紧急的方案重要，还是约会重要。当重要性次序没弄清楚时，人就容易变得左右为难，很纠结、很焦虑，结果可能接了方案，方案也写不好，同时还给心爱的女友落下“不重视我”的印象和把柄。

先把重要的事情选出来，再给它们按重要程度排个序，选择和平衡就没有那么困难了。至于什么是阶段性、人生最重要的事项，由于每个人的现状、需要都不一样，它可能是财富、健康、成长、家庭、亲密关系等，这个次序视你自己的实际情况和需求而定，你的心目中需要有一个相对清晰的图谱。

从“身心不一”到“匹配前行”。

我们已经知道了要平衡哪些事情，以及哪些事情更重要。可一旦到了现实生活中，我仍常常会陷入身心不一、身心不平衡的状态，给自己带来诸多的焦虑和痛苦。

就如我们心里明知锻炼很重要，但当闹钟响起时，身体还是躺在温暖的被窝里，就是不愿及时起床；心里暗下决定，今天一定要耐心陪孩子玩一天，开始半小时特别有耐心，等小孩开始耍赖、哭闹起来时，早上说好“耐心陪孩子”的承诺瞬间土崩瓦解，变得不耐烦起来……

身心不一的本质，是情绪脑击败理智脑的典型表现。“大毛怪”击败了“小智人”，身体重新被日常的习惯所操控，计划和目标落空。此时，我们需要的是先静一静，深呼吸几下，让“小智人”和“大毛怪”和谐相处，才能得到我们所要的平衡。就像你为了让一个 3 岁的孩子保持健康，要求他去跑马拉松，这肯定是不合理的。此时就需要反思了，那个由“心脑”理性制订的计划，是否符合“身体”（情绪）的节奏。匹配很重要，如果不匹配，那就需要逐步调整优化，让其达到一个相对合理的状态。

我们的痛苦往往是由于欲望超过了能力，所以王小波说：“我们的一切痛苦，本质上都是对一切无能的愤怒。”如果我们的欲望和能力能够完美匹配，“大毛怪”和“小智人”能和谐共处，就不会有那么多的纠结和痛苦了，就不会有那么失衡的“身心不一”。

现在我们知道了，我们成为“消防员”“失衡”的原因不在别处，恰恰是自己没明白，我们心中想要平衡什么，没有分清楚事情的轻重缓急。做事情的时候可能理智和情绪没有完全统一，可能是目标过高，也可能是能力有待提升，这个时候就需要调整优化了，匹配适宜，才能行稳致远。

找到了这些原因，我们应对起来就会轻松自如了。那么，如何做好平衡呢？如果你看过表演空中抛球的魔术师，你就能轻松地理解了。

做个快乐的魔术师

一个也不能少。

平衡的学问，像一门艺术，贯穿于人生的每个阶段。尤其是岁至中年，你会发现要平衡的事情越来越多，工作、家庭、健康、夫妻、子女、兴趣、学习等，一方面你的工作压力增大，另一方面身体日感疲惫，亚健康问题日渐突出，同时还不能完全停止充电学习，又担心被年轻人快速取代。这些需要去平衡的事情，有点像魔术师手中的球，一个也不能掉，如图 17–2 所示。

图 17–2　做个快乐的魔术师

但你也会发现，身边有些人，总能把工作、生活和家庭等平衡得很好，整个人还显得轻松自如。我有个同学，业务做得很好，他仍有不少时间陪伴家人，每年还能拿出一整块时间，去做自己喜欢的徒步、登山等运动。我问他是如何做到的，他回复了一句意味深长的话："做减法，微妙的平衡。"

在我们有限的人生中，我们不可能"既要、又要、还要"，必然要有所取舍，就像任何一个优秀的魔术师，他不能同时抛出无数个球，那肯定是接不过来的。尽量做减法，那么，有哪几个球是我们一生值得重视的呢？

阅读有关平衡管理的著作、拜访了诸多朋友，再加上自己多年体悟，我认为有 4 个球是人生必备，缺一不可的。它们分别是适度财富、健康身体、亲密关系和认知迭代。而所谓的理想人生，就是做一个快乐的魔术师，轻松接抛这些小球，享受这个过程，让其在和谐中，保持微妙而美好的平衡。就像开篇说的那个有经验的司机，他知道如何以最低的油耗，开出最适合的速度，并乐在其中。

适度财富

刚毕业的时候，人往往年轻气盛，理想远大，觉得自己会有无限的机会。刚到北京时，我也是这么想的，压根就没把“赚钱”当回事儿，没有存钱意识。毕业四五年后，我发现自己的工资也没有涨多少，才开始考虑更长远一些的发展，例如如何在北京长期生存下去、职业空间有多少，如何面临未来的结婚生子问题等，这使我感到了一股无形的压力。这也是我后来开始尝试副业，出来创业的重要原因。对大多数人来讲，唯一能依靠的就是自己，这是我们唯一的资产。想要让自己生活得更好，只有不断优化自己的能力（资产）。

我们常说要经济独立，无论是未婚还是已婚，无论是青年还是老年，拥有一定的经济基础、一定的财富是我们生存的基础。尽管当下对于“成功”的评价过度单一地倾向于以财富来衡量是不对的，但我们不能否定财富本身的重要性。它是我们衣、食、住、行、娱乐的基础保障。

琳达·格拉顿（Lynda Gratton）和安德鲁·斯科特（Andrew Scott）在他们的著作《百岁人生》的开篇就提到了财务问题。他们推算，现代人有很大概率能活到百岁，提醒我们需要思考未来，例如，到七八十岁时，我们该如何养活自己，并建议我们提前做好财富规划。

亲密关系

亲密关系对每个人来说，都是不可或缺的。无论是与伴侣的爱情，家族成员之间的亲情，还是与良师益友的友情，良好的亲密关系都是我们生存与发展的必要条件。尤其在组建家庭之后，亲密关系尤显重要，如果家里乱作一团，夫妻关系、婆媳关系、亲子关系剑拔弩张，那么我们在工作中，就不可能有很好的工作状态；如果夫妻关系和谐，与孩子关系亲密、亲朋好友之间关系良好，那么我们在工作、生活中就会更有激情、能量满满，工作产出也可能更高，资产增值得更快，获得的满足感自然随之提高。

同样，良好的亲密关系也体现在社交上、社区里，如果社区里有良好的社群关系，左邻右舍都能相互帮衬，年轻人可以一起组织活动，小朋友们一起快乐玩耍、周末可以一起去户外活动，碰到问题和困难，可以相互帮忙一起解决，那我们的幸福感也会增强许多。

美国有一项调查显示，亲密关系良好的被调查者的幸福满意度，比亲密关系一般的被调查者的幸福感高出 20%。麦基卓（Jock McKeen）在《懂得爱：在亲密关系中成长》一书中建议：保持开放、坦诚以对是维持亲密关系的最佳良方。

健康身体

身体健康是良好生存的本钱。身体健康的重要性，可能只有当你到了医院，只有当自己进入中年之后，才能较为明显地感受到。青少年在刚进入职场的一段时间，身体还处于成长和发育期。身体一般不容易暴露出太多问题，人们很容易忽略健康问题。过度加班、连续熬夜、大量饮酒、久坐不起、缺乏锻炼等引发的健康问题，都会随着年龄增长暴露出来。

一般要到40岁左右，我们身体累积的一些问题才开始逐步显露，例如颈椎问题、“三高”问题、免疫力问题，等等。健康问题其实可以通过适度的锻炼，平时注意劳逸结合等方式预防，这样就不会出现“工作前30年用命换钱，后30年用钱换命”的情况。保持一到两项自己喜欢的爱好，也是身体健康的重要保障，无论是运动、阅读还是旅行，等等。

无论年龄多大，从现在开始重视健康问题都不晚。经济学家丹比萨·莫约（Dambisa Moyo）说过：“种一棵树最好的时间是十年前，其次是现在。”

认知迭代

许倬云是位九十多岁的历史大家，但你在看他的文章时，你会发现他不是停留在故纸堆里的老学究，他对于科技、时事、流行文化的了解不亚于年轻人。尽管年事已高，他依旧保持不断迭代自己认知的极佳心态，这是非常难能可贵的品质。尽管已过耄耋之年，但他的身上仍旧透露出一股旺盛的生命力。

这个世界唯一不变的就是变化本身。我们之前的三段式人生（学习、工作、退休）可能被多段式人生代替，人工智能在不久的将来也会取代不少行业。在这一进程中，只有不断地进行认知迭代，方能更好地适应这个时代的发展。学习是一件持续不断的事情，在每个阶段都很重要，人生过程的本质就是认知不断迭代升级的过程。世界在快速地发生变化，认知没有迭代和增长，我们就只能留在原地打转。快乐的源泉之一，就是持续的学习迭代和实践。所以孔子在《论语》开篇就说：学而时习之，不亦说乎。

适度财富、亲密关系、健康身体、认知迭代，就像魔术师手中的四个球。我们就是那个魔术师，需要把它们抛向空中，快乐地舞动起来，在动态中保持平衡。

不同阶段的平衡

孔子说：“吾十有五而志于学，三十而立、四十不惑、五十而知天命、六十而耳顺、七十而从心所欲，不逾矩。”钱锺书说：“一个人二十岁不狂没有出息，三十岁还狂是无知妄人。”每个人在不同的人生阶段，有不同的生命能量和使命，我们工作和生活的节奏，应当符合不同人生阶段的能量状态，在不同的人生阶段，关注不同阶段的重点。到了四十岁左右，你就会恍然大悟，**人生就是一场不同阶段的动态平衡游戏**。

青年，打基础。当我们从学校踏入社会，学习技能、创造财富，是毕业后很长一段时间里最为重要的人生课题之一。虽然张爱玲说“出名要趁早”，但我认为出名不一定要趁早，“成长要趁早”应该是没问题的。踏入社会之后，我们会真实感知工作和生活的压力。大学毕业来到北京后，我面临的生活压力是很具体的，除了要满足自己的生存所需，我还需要一些时间和金钱用来旅行，这些都需要经济基础。在毕业后的十年里，我们更多的时间花在提升能力上，花在不断增值自己的资产上，当然我们也需要兼顾恋爱、兴趣这些事，实现年轻阶段的一个良好平衡。

中年，做减法。等结了婚、有了家庭和孩子，除了工作，其实有一部分时间我们需要留给家庭。与此同时，你会发现自己在体能上有些跟不上了。这时，需要平衡和兼顾的板块就越来越多了，工作、家庭、生活、身体等如何更好地平衡，成为一个绕不开的话题。这不是一件容易的事情。很多人需要养家糊口、照顾父母，工作后还可能面临去留或创业的问题。这个时候除了工作，最重要的就是家庭了。和爱人、子女、父母保持良好的亲密关系，是极为重要的。此时，最重要的是要学会取舍，明白哪些是重要的，哪些是可以忽略的。和工作、家庭、身体不相关的事情，尽量砍去，做减法，把更多的时间和精力分配到工作、家庭和身体上来，达成中年状态的良好平衡。

看完上面的内容，我们知道了，平衡是有重点的，适度财富、健康身体、亲密关系、认知迭代，是我们一生都需要关注的重点。不同的阶段，关注的重点可能不一样。在有限的时间，我们不可能“既要、又要、还要”，从青年到中年，需要我们学会取舍、学会做减法，把更多的时间分配到工作、家庭和身体上来。

三个平衡“点”

做好不同人生阶段的平衡，是一个需要不断实践和摸索的过程，有三个平衡“点”可以助力你更好地做好平衡，如图 17-3 所示。

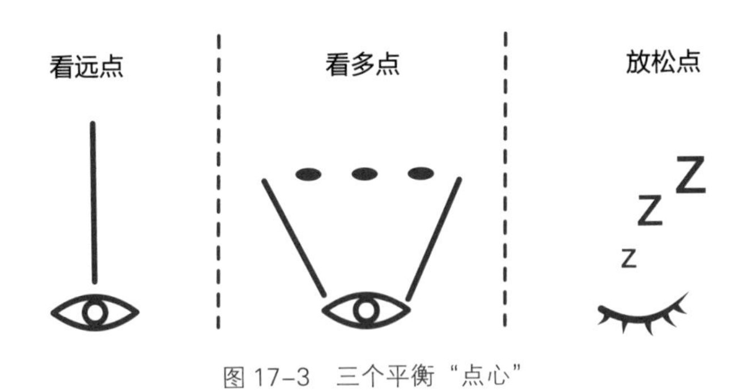

图 17-3　三个平衡“点心”

点心一：看远点。

任何事物，短期看可能重要，但如果放在一个更长的时间周期里，都可能会显得并不那么重要了。所以我们可以把需要平衡的事情，放在一个更长的生命周期里面评估。

那些曾经令人痛不欲生的失恋经历，事后看看也就如烟云一般；那些曾经不被重视的健康，会在中年之后给你一记重拳。看远点有助于我们更好地取得平衡。

如果只盯着当下，可能每日都有忙不完的工作、开不完的会，每天都焦头烂额。但如果能站在未来，例如1年、3年或者5年之后看当下，就不一样了。就如老板安排的一个很有挑战性的任务，当下看确实有点困难，但如果眼光能放长一点，你会发现做完这件有挑战性的任务将带来很大的成长价值。如果说我通过10多年的职场和创业经历积累了一些经验的话，这算是一条。多用站在未来的视角看当下，可以更好地平衡当下的选择。

我还清楚地记得，在2011年我快30岁的时候，我给10年后的自己描绘了一个愿景（并写了下来）：希望自己在一个独立的办公室里，能够认真倾听客户的需求，然后从容地应对和解决客户的需求；拥有自己的房子，回家之后能够有时间陪伴家人和孩子。要实现这个愿景，我需要创业，要有自己的不动产，我需要锻炼自己的表达能力，我需要结婚生子。在这之后的好多年里，当我觉得工作太辛苦时，眼前总能浮现这个当初想象的美好愿景。它似乎能给予我力量。10年后，我几乎做到了当时"幻想"的一切。

有次听到"冬吴同学会"的一期节目，说如何评价现在做的事情。吴伯凡老师说，可以想想自己的孙子如何看你当前在做的事情，这也是一个很好的视角。每次回到故乡，当我看到那套编修了许多年的族谱时，我就在想，未来我只是族谱中的一个名字（三个字），我能为家族、为故乡做点什么呢？当我以这个视角思考之后，我做一些事的动力似乎就更强了，也能懂得如何更好地平衡当下所做之事。站在未来看，能更好地看清此事是否有价值，是否有必要，而不会患得患失。看远点，会多一个视角，知道什么才是更重要的。

点心二：看多点。

如果只是站在一个角度看，那永远只能看到事物的一面（事实上它有多个面相）。看一个事物，如果能前后左右上下、从里到外都观察一遍，站在不同的角度，你就能看到不同的风景，然后选择最适合自己的角度介入。

就如谈恋爱，双方不能仅仅凭借着激情和心血来潮在一起，也不能只关注“颜值”，还要看看两个人的价值观是否匹配。我和妻子在刚谈恋爱时，观点很一致：二人约定给予对方一年的时间相处、了解，如果相处一年双方觉得合适，那么就去领证结婚，如果不合适就和平分手。这一年时间，我们一起去了很多地方，甚至还跟团到海外待了半个月。那半个月，是一个非常好的相互了解的机会。你能很清楚地看到对方的感受，看到对方是如何与其他团友相处的，也能看到在异国他乡她是如何照顾自己的。这个时候，双方可能会发现一些问题，甚至发生一些争执，发现问题后，看看对方是如何解决的，看看自己能否包容对方的一些“不足”等。这些对做出组建家庭的决定来说很重要。当你全方位了解对方的脾气和习性之后，就可以更好地评估这个人是否适合和自己长期相处，是否可以结婚成家，多角度观察后，其实你已经有了一个判断。

无论是恋爱，还是工作、技能、兴趣，多角度、全方位地观察和理解，有助于我们更好地做出判断和选择。最终决定是否要让这件事、这个人加入自己的人生。

点心三：放松点。

现在的生活节奏越来越快，我们似乎被工作、被生活、被手机等牢牢绑住了。我们其实完全没有必要被这些束缚住，偶尔给自己一点闲暇的时间，给自己放个假，放松一下，让自己愉悦起来是很有必要的。

一个人的时间和精力都是有限的。让自己松弛一些是一件十分重要的事。

人生就像一部戏剧，而我们不仅是这出戏的导演，也是这出戏的演员。该如何平衡各种角色的戏份，作为子女、丈夫（妻子）、父母、员工、领导、同学、朋友，如果我们已经选定了剧本，那接下来，就请尽情、真诚地出演和平衡自己的角色。

让自己的能力配得上自己的目标，让自己的时间和精力，有序地在自己热爱的事物之中保持平衡。

第十八章

始终：成为自己梦想的实现者

探索旅途中，一路上有各种风光，各种天气，有崎岖也有坦途，甚至还有各种诱惑，只是别忘了，当初你为什么出发。

有个故事讲的是：有个华尔街股票经纪人，他有项特别的能力，能看到未来五天的《华尔街日报》，消息极为准确。他以此能力来操盘股市，获得了极大的成功。突然有一天，他在未来五天的报纸上看到了自己的讣告。此时，你想想看他的心情会是怎样的？难以置信、不可思议，我现在所做的一切值得吗，还有哪些遗憾……

尽管这是一个虚构的故事，但真实生活中，经常会听到一句话“早知今日，何必当初”，我们能从中闻出一丝悔恨的味道，这是你我都可能会遇到的情况。那么，我们是否有办法，避免此类情况发生呢，如何才能成为自己梦想的实现者呢，这就是本章的核心内容。

人人都知道要有梦想、有憧憬。但每天，我们似乎又活在现实的琐碎中，如何把梦想和现实、当下与未来统一起来，连接好“始”“ 终”，做到始终如一，这几乎是每个人都关心的话题。憧憬而不匆忙，能够愉悦而充实地度过每一天，朝着自己的梦想逐步前行，是每个人都期待的生活方式。

截然不同的“日复一日”

有目标似乎相对容易。但以什么样的心态来面对目标，应对在通往目标路上的“日复一日”，不同的心态，也许将导致截然不同的结果。

王总手下有两个秘书，小 S 和小 A。两个秘书都希望自己得到晋升，工作也都很认真，安排的事情都能完成，但一年之后，小 S 被辞退了，而小 A 晋升了。

小 S 于名校毕业，工作能力很强，自己也觉得自己能力不错，心气自然有点高。每次都觉得老板安排的工作太“简单”，如日常接待、贴发票等这些琐碎无比的事。她每次执行时都把这些工作当成负担，尽管能快速完成，但内心其实是有点不开心的，每天只是被动、机械地，甚至略带抱怨地把老板安排的工作做完。接待就只是接待，贴发票就是贴发票，每天下班回家之后还觉得特别累，筋疲力尽，就这样日复一日，她感觉前途渺茫。

小 A 毕业于一所普通大专院校，知道自己“背景”一般，工作能力没有小 S 那么强，但她几乎从不抱怨。她把老板安排的每一个活，都当成是一个“成长的机会”。接待前会提前详细研读对方的资料，投其所好。她粘贴发票时，会将老板报销发票的数据做清晰的整理，将金额、消费场所、联系人、电话等详细整理下来。半年下来，她逐渐发现了老板商务活动的规律。这样小 A 就非常清楚老板的消费预算、档次、规格、时间、场所等，在下次安排商务会议时，老板只要稍微提一下，她就能把一切安排得妥妥当当，老板十分放心。就这样，老板把更重要的事情安排给了小 A，小 A 在一年后获得了晋升。

同样是一日复一日地做着同样的工作，有的人是机械地、被动地、抱怨地、没有目标地做着；有的人却是用心地、主动地、乐观地、积极地拥抱每一天，把每一项工作都当成“成长的机会”，都当成美好的礼物，在每一天中不断迭代，在日复一日地蓄积能量，最终获得了爆发的机会。这就是荀子所说的，“不积跬步，无以至千里，不积小流，无以成江海”。

生物进化论认为：只关注眼前，注重当下，是一种进化选择策略，其他生物也是如此。但是人类有区别于其他动物的前额皮质，前额大脑遵循着“用进废退”的原则，只有多用它思考分析、反复实践，人们才可能不断迭代和进步。

和理想渐行渐远的现实

还有一种熟悉的情形：目标制订得特别美好、明确，但我们走着走着就走到岔路上甚至迷失了。这就是“终和始不一”的情况。

就如我们跑步，初衷都非常好，希望强身健体，提高自己的免疫力和心肺功能。但你会发现，很多跑步者跑着跑着就去追求配速、追求跑多少个马拉松去了。如果你是一名跑步爱好者，在一些跑群里面，经常会看到有人说，我的配速怎么就没什么提升啊，他们把跑步的初衷“强身健体”抛到了九霄云外，把“跑步配速”“ 跑步里程”这些并非核心的“手段”当成了目标，结果往往适得其反。

我也有这样的经历。2015 年 8 月刚开始跑步时，当时我有点小肚腩，我的初衷就是强身健体，减掉小肚腩。慢慢地，我发现别人跑得好快，不由自主地就想跟上去，甚至想超越“对手”。到年底就想报名参加深圳的马拉松比赛，我没有经过科学系统的训练，结果在 30 千米处脚崴了，很长一段时间脚痛得不行，就这样有半年多时间不能跑步，真是得不偿失。自此之后，我不再追求配速，更关注的是自己跑步的心率，以及姿势、拉伸等训练，更科学、更健康地跑步，也不追求一年的跑量，每周跑 2~3 次，心率控制在 130~140 次 / 分钟的有氧心率内，每周跑 15~20 千米即可。就这样，我跑到了第 8 年，跑得很舒服，从来不在意配速。因为每当想到配速时，我就会回头看看初心，我是为了健康跑步，而不是为了速度跑步。事实上，如果能坚持有氧跑，保持良好的节奏，速度自然也会上去，它是坚持健康跑步的一个自然结果。

读书也一样，我经常看到一些人，打卡读了多少本书。多读书当然非常好，但与此同时，我们需要想想读书的初心是什么，是为了读书的数量，还是为了真正吸收一些知识，为了真正的改变。如果只是为了数量读书，我们容易把自己引到歧途之上。“只关注读书的数量，而忽略读书的质量”，这是本末倒置的做法。在行进的道路上，我们也要多抬头看看天，看看当时自己的那个目标和初心是什么。不要走着走着动作就变形了，不要走着走着就迷失了。追求财富也是一样，赚钱的目的本来是为了更好地生活，当你只是为赚钱而赚钱时，你就变成了“金钱”的奴隶，这些情况都是我们要小心的。因为人人都有攀比心，很多时候，我们一不小心就被攀比心裹挟了。

米哈里在《心流》一书中说：要活出“生命”，除非你能掌握方向，看到初心，否则生命必沦为外力所控，转而追求不相干的目标。

无论是机械地、漫无目的地“日复一日”，还是脱轨的“始终不一”，都不是我们想要的状态，那什么是理想的“始终如一”状态呢？

“始终如一”状态

我见过的那些优秀人物，几乎没有一个是瞬间拍脑袋设定个人目标的。他们在规划自己的目标前，都是十分谨慎的，不是随随便便就设定一个目标。一个目标和愿望的诞生，可能是经过了很长一段时间的酝酿。当设定了合理而坚定的目标后，除非在特殊情况下，否则几乎很少动摇，也不会被他人、周围错综变化的环境裹挟、带偏。他们有自己清晰的认知，他们知道那个目标不是一朝一夕就能达成的，所以会一天一天积累，保持自己的耐心和节奏，保持自己的定力，投入每天的具体工作和生活中，并享受其中，最终一步步靠近自己的目标。

我有个喜欢登山的前辈，他能在登山中找到自我。他已经完成了“7+2”（七大洲最高峰 + 南北极）中的 8 个目标，只差登顶珠峰了。几年前，他尝试过登顶，发现自身体能还不够，还有差距，于是退到山下，开始了漫长的 5 年登顶训练计划。他之前几乎不怎么跑步，于是从基础的跑步动作开始，科学训练、一点一滴累积，从困难的 5 千米开始、到 10 千米、到半程马拉松、到全程马拉松，甚至到百千米挑战赛的跑步计划。他合理规划自己的饮食和训练计划，坚持科学跑步，不盲从，不急不躁，从来不和别人攀比速度，保持自己的节奏，让自己处在一个良性的训练计划中。他和我说，尽管几乎每天都跑，但并不觉得累，他感受到他的体质在明显增强，所以心态也越来越好。在他的心目中，珠峰始终在召唤他。通过几年的训练，他的心肺功能和体能得到极大提升，最终在不久前登顶了梦想中的珠峰。

你看，登顶珠峰这样一件看似不可能的事，被他分解成一天天的有效进度之后，也没有那么困难了。所谓“聚沙成塔，集腋成裘”，其中很重要的一点是，他在前行过程中，常常能“不忘初心”。在训练过程中，保持定力和节奏，做到如孔子所说的“吾道一以贯之”，最后“方得始终”。

连接“始终”

如何保持一个好的心态，一步一步，像我的前辈一样，从山谷到顶峰，顺滑地连接好始终呢？有三条“捷径”供你参考，助力你去登顶你要去的“珠峰”（见图 18–1）。

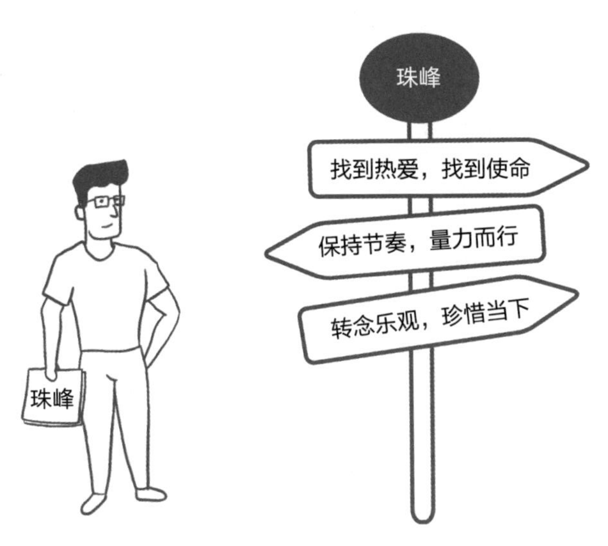

图 18–1　登顶“珠峰”的三条“捷径”

找到热爱，找到使命。

这个世界上，几乎所有的伟大成就，都是基于热爱。没有热爱的目标，人最终会变得没有驱动力、没有力量。很多人，都是在热爱中，找到了自己的使命或阶段性目标。

我有个同学，他很痴迷于产品设计，每次看到优秀的产品就如获至宝，能琢磨上几天。在工作了很多年之后，他选择出来创业，最终选择了向欧美销售加湿器这个细分赛道。他从全球各地的空气净化器设计中寻找灵感，加上自己的原创元素，他的诸多产品获得了德国产品设计的“红点奖”。他的产品通过亚马逊等电商平台很快打开了一片市场，成为销量第一的空气净化器。由于是线上渠道，他能根据用户的反馈建议，快速迭代、优化和改进产品，他创建的品牌，已经成为这个国际细分赛道的领头羊，欧美每几十户家庭中就有一台他们品牌的加湿器。他的成功，和他的热爱密切相关，他把热爱变成了使命，以卓越的产品设计，做出一个有全球影响力的加湿器品牌。

很多人之所以停在原地不动，徘徊不前，很重要的原因是还没有找到自己的热爱。

乔布斯在斯坦福大学的一次演讲中说：我深信当时唯一让我坚持下去的原因，就是我热爱我所做的一切。你一定要找到你所热爱的。对你的事业是这样，对你的爱人也是如此。你的事业将会占据你生活的很大一部分，你真正得到满足的唯一途径，就是去做你坚信是伟大的事业。而做伟大的事业的唯一途径，就是热爱你所做的一切。如果你还没有找到，继续找。不要妥协。就像其他一切需要用心灵去感受的事物，当你找到的时候，你会知道的。就像任何美满的伴侣关系，随着时间的推移，都会变得更美好。所以，继续找吧，直到你找到。不要半途而废。

找到热爱，就拥有了不竭的动力。歌德说：“世界会给那些知道自己要去哪里的人让路。”

保持节奏，量力而行。

在“登顶”过程中如何保持节奏，如何量力而行，这是非常考验人性的。因为在路上前行，可能有很多干扰，有很多诱惑，有很多困难，当遇到这些干扰、诱惑和困难时，应该怎么办呢？

我见过一个上市公司总裁，酷爱跑步。他为了控制自己的体脂及相关指标，对自己严苛到什么程度呢，他每次吃饭时要带上一个电子小秤，看看这盘蔬菜多少克、这碗米饭多少克、这盘牛肉多少克，防止自己超标。几年前，我问他累计跑量多少了，他微笑着回复道：“4 万多千米（约绕了地球一周）。”

至于前行的路上，如何掌控节奏，量力而行，每个人的情况不同、方法也不尽相同。但有一点是明确无疑的，就是不要被眼前的困难所干扰，不要被其他人的期待所裹挟，在审慎制定目标后，一定要保持自己的定力和节奏，走自己的路，让别人去说吧。

精力管理博士、心理学家吉姆·洛尔（Jim Loehr）说过，如今人们像星际旅行一样超速前行，结果既不愿花时间思考自己最看重什么，也不愿把这些事情放在首要和中心的位置。大多数人花费太多时间处理眼下的危机，应付他人的期望，而不是思维清醒地思考什么最重要，并以此为指导做出谨慎的选择。而有一些人，知道自己的“山”在哪里，并且能始终如一地坚定前行。

转念乐观，珍惜当下。

路上碰到的干扰、诱惑和困难，有的时候并非完全依靠定力、自律就能克服，此时可能更需要转换看问题的角度，调整看问题的心态。有些人把烦恼当成遭遇，有些人把烦恼当作历练，珍惜每一个当下。

畅销书《番茄工作法图解》的译者大胖老师，由于脊髓灰质炎后遗症，从小就不能走路，只能依靠轮椅。每次见到轮椅上的他，他似乎都保持着微笑。

大胖老师遭遇了身体的不幸，需要比普通人承受更多的困难和压力。面对这种情况，很多人可能一蹶不振，但他没有抱怨，而是选择了乐观、积极地面对生活。自学互联网开发、英文、翻译、演讲、时间管理，且在每个领域都取得了不错的成绩。

大胖也是我的演讲老师，有一次我问他，他是如何取得这些成绩的。他说，他并没有特别的心法，只是把每天都认真过好，投入每个当下，把每个当下都当成礼物，当成人生的养料和素材。我记得第一次见面时，他让我讲讲自己的经历。他认真地倾听，然后温暖地跟我说："你的戈壁经历很有意思，我仿佛跟着你穿越了一次戈壁，我会把它当成一个很好的故事素材。"大胖老师是把生活活成"乐章"的人。

罗曼·罗兰（Romain Rolland）说：世界上只有一种英雄主义，就是在认清生活真相之后依然热爱生活。而在这个过程中有一个必要步骤，就是要学会转念。万物皆有裂缝，那是光照进来的地方。我们应学会以积极、乐观的心态面对现实生活，投入其中，享受每一个当下。

而珍惜每一个当下，正是通往终点的最佳路径。

掌握人生的秘诀在于找到热爱，学会掌控节奏，让自己的精力与自己的使命同步，将生命力倾注到自己喜欢的事情上。日复一日，珍惜当下，年复一年，始终如一。

相信你终将成为梦想的实现者！

后记　终点即起点

感谢你，完成了一趟自我探索之旅。

在这个快节奏的时代，能够认真专心读完一本书是了不起的。

我们从起点站“认知力”出发，历经行动力，然后来到生命力一篇。其中先后穿越了破局、大脑、本质、储备、心智、系统、目标、尝试、专注、弹性、耐心、复盘、精力、时间、真诚、共情、平衡、始终共18个站点，如果你能在任何一个站点得到了一点点启示，或者有那么一点点行动或改变，那么这本书就算完成了自己的使命，我也就足以欣慰了。

本书发愿于2020年，构思于2021年，动笔于2022年，历时3年，几易其稿，写作历程本身就如同本书的章节一般，历经了迷茫、尝试、复盘等各个阶段，我甚至一度想放弃这本书。但我内心始终有一个声音，我希望把近20年的学习、工作、创业经历，做一个系统的回顾和复盘，也希望我能用有限的经验和思考，帮助那些正在路上前行的朋友更好地认知自我，少走一些弯路、少一些纠结和内耗，能大胆设想自己的目标，勇敢去追求自己的梦想。在前行的路上，能够保持着一个良好的心态，耐心、专注，真诚地对待自己、共情他人，并能在学习、工作和生活之间保持良好的平衡，最终成为梦想的实现者。

这是一个40岁中年人的愿望，历时3年算是实现了。希望这本书，能点亮你自我探索的一点点光，把自己当作资产，经营好自己的真实人生，因为我们最终能够依赖的，其实只有我们自己。

这是我的第一本书，其中亦有许多不足之处，有些观点可能略显偏颇、有些论证可能不尽严密、有些经历和故事稍显啰唆。所有的不足之处，还请读者朋友多多包涵和指正，恳请诸位多提意见，我一定会虚心接受，努力迭代完善，大家也可以通过微信公众号和视频号（思想鹿）给我留言互动。

最后，请允许我留出篇幅，致谢那些在本书出版过程中，给予我支持的亲朋们。

首先要感谢我的家人，感恩父母给予我生命，让我出生在这个充满活力和机会的时代，感谢爱人Sunny老师在我写作的过程中，给予的充分理解和支持，感谢五岁的女儿可宝、两岁多的儿子佳宝给我的无限欢乐和微笑，这些都是我坚持写作的重要动力。

其次要特别感谢人民邮电出版社的郑连娟老师、明明老师的引荐，感谢林飞翔老师在我写作过程中的悉心指导。林老师的建议给了我诸多启示，让我受益良多，感谢出版社各位老师细致的校对和审阅。

再次要感谢给了我无穷能量的梁冬老师、吴伯凡老师、万维钢老师、吴世春老师、萧大业老师、Kris老师、大胖老师、战隼老师，还有所有帮助和支持我的同学和朋友们，感谢中欧国际工商学院“荔枝班”及“太安私塾”“梦行头马”“早读派”“青创团”“得到高研院”的同学、师兄弟和伙伴们给予我的启发和有力的支持，感谢何慧同学制作的插图，感谢淑玲同学的协助。

最后要感谢的，是所有的读者朋友们，你们的阅读、感知、行动和改变，才是这本书出版的最终意义所在。

终点即起点，合上这本书，开启你的全新人生吧！

参考文献

［1］大卫·伊格曼.大脑的故事［M］.闾佳，译.杭州：浙江教育出版社，2019.

［2］谢伯让.大脑简史［M］.北京：化学工业出版社，2018.

［3］盖瑞·马库斯.怪诞脑科学［M］.陈友勋，译.北京：中信出版社，2019.

［4］诺曼·道伊奇.唤醒大脑：神经可塑性如何帮助大脑自我疗愈［M］.闾佳，译.北京：机械工业出版社，2016.

［5］比尔·布莱森.人体简史［M］.闾佳，译.上海：文汇出版社，2020.

［6］约翰·杜威.我们如何思维［M］.马明辉，译.上海：华东师范大学出版社，2020.

［7］正和岛.本质［M］.北京：机械工业出版社，2018.

［8］侯世达，桑德尔.表象与本质［M］.刘健，胡海，陈祺，译.杭州：浙江人民出版社，2018.

［9］杰克·韦尔奇，苏茜·韦尔奇.商业的本质［M］.蒋宗强，译.北京：中信出版社，2016.

［10］阿比吉特·班纳吉，埃斯特·迪弗洛.贫穷的本质［M］.景芳，译.北京：中信出版社，2013.

[11] 周岭 . 认知觉醒 [M]. 北京：人民邮电出版社，2020.
[12] 周岭 . 认知驱动 [M]. 北京：人民邮电出版社，2021.
[13] 蔡垒磊 . 认知突围：做复杂时代的明白人 [M]. 北京：中信出版社，2017.
[14] 刘润 . 底层逻辑：看清这个世界的底牌 [M]. 北京：机械工业出版社，2021.
[15] 丹尼尔·卡尼曼 . 思考，快与慢 [M]. 胡晓姣，李爱民，何梦莹，译 . 北京：中信出版社，2012.
[16] 丹·艾瑞里 . 怪诞行为学 [M]. 赵德亮，译 . 北京：中信出版社，2017.
[17] 凯利·麦格尼格尔 . 自控力 [M]. 王岑卉，译 . 北京：北京联合出版公司，2021.
[18] 丹尼尔·列维汀 . 有序 [M]. 曹晓会，译 . 北京：中信出版社，2018.
[19] 尤瓦尔·赫拉利 . 人类简史：从动物到上帝 [M]. 林俊宏，译 . 北京：中信出版社，2017.
[20] 米哈里·契克森米哈赖 . 心流：最优体验心理学 [M]. 张定琦，译 . 北京：中信出版社，2017.
[21] 安德斯·艾利克森，罗伯特·普尔 . 刻意练习 [M]. 王正林，译 . 北京：机械工业出版社，2016.
[22] 古典 . 拆掉思维里的墙 [M]. 北京：中信出版社，2021.
[23] 德内拉·梅多斯 . 系统之美：决策者的系统思考 [M]. 邱昭良，译 . 杭州：浙江人民出版社，2012.
[24] 彼得·圣吉，等 . 第五项修炼 [M]. 张成林，译 . 北京：中信出版社，2018.
[25] 塞德希尔·穆来纳森，埃尔德·沙菲尔 . 稀缺：我们是如何陷入忙碌

与贫穷的［M］. 魏薇，龙志勇，译 . 杭州：浙江人民出版社，2014.

［26］吴军 . 见识［M］. 北京：中信出版社，2018.

［27］阿尔伯特・埃利斯，阿瑟・兰格 . 我的情绪为何总被他人左右［M］. 张蕾芳，译 . 北京：机械工业出版社，2015.

［28］道格拉斯・肯里克，弗拉达斯・格里斯克维西斯 . 理性动物［M］. 魏群，译 . 北京：中信出版社，2014.

［29］理查德・塞勒，卡斯・桑斯坦 . 助推［M］. 刘宁，译 . 北京：中信出版社，2018.

［30］亚当・格兰特 . 重新思考［M］. 张晓萌，曹理达，付静仪，译 . 北京：中信出版社，2022.

［31］朗达・拜恩 . 秘密［M］. 谢明宪，译 . 长沙：湖南文艺出版社，2013.

［32］李笑来 . 财富自由之路［M］. 北京：电子工业出版社，2017.

［33］埃尔温・薛定谔 . 生命是什么［M］. 张卜天，译 . 北京：商务印书馆，2018.

［34］威廉・戴蒙 . 目标感［M］. 张凌燕，成实，译 . 北京：国际文化出版公司，2020.

［35］纳西姆・尼古拉斯・塔勒布 . 反脆弱［M］. 雨珂，译 . 北京：中信出版社，2014.

［36］马歇尔・麦克卢汉 . 理解媒介：论人的延伸［M］. 何道宽，译 . 南京：译林出版社，2019.

［37］罗伊・鲍迈斯特，约翰・蒂尔尼 . 意志力［M］. 丁丹，译 . 北京：中信出版社，2017.

［38］魏宏森，曾国屏 . 系统论：系统科学哲学［M］. 北京：世界图书出版公司，2009.

［39］克里斯・贝利 . 专注力［M］. 黄邦福，译 . 北京：北京联合出版公司，

2020.
[40] 彼得 · 德鲁克 . 卓有成效的管理者 [M] . 辛弘，译 . 北京：机械工业出版社，2022.
[41] 桦泽紫苑 . 为什么精英这样沟通最高效 [M] . 郭勇，译 . 长沙：湖南文艺出版社，2019.
[42] 列纳德 · 蒙洛迪诺 . 弹性 [M] . 张媚，张玥，译 . 北京：中信出版社，2019.
[43] 梅拉妮 · 米歇尔 . 复杂 [M] . 唐璐，译 . 长沙：湖南科学技术出版社，2018.
[44] 小约瑟夫 · 巴达拉克 . 学会反思 [M] . 薛香玲，译 . 北京：机械工业出版社，2022.
[45] 萨提亚 · 纳德拉 . 刷新 [M] . 陈召强，杨洋，译 . 北京：中信出版社，2018.
[46] 克里希那穆提 . 重新认识你自己 [M] . 若水，译 . 深圳：深圳报业集团出版社，2010.
[47] 张磊 . 价值 [M] . 杭州：浙江教育出版社，2020.
[48] 张萌 . 精力管理手册 [M] . 北京：中信出版社，2019.
[49] 张萌 . 人生效率手册 [M] . 长沙：湖南文艺出版社，2019.
[50] 丹尼尔 · 戈尔曼 . 情商 [M] . 杨春晓，译 . 北京：中信出版社，2018.
[51] 梁冬 . 梁冬说庄子 [M] . 广州：广东人民出版社，2018.
[52] 梁冬 . 处处见生机 [M] . 北京：中国友谊出版公司，2016.
[53] 南怀瑾 . 论语别裁 [M] . 上海：复旦大学出版社，2016.
[54] 南怀瑾 . 老子他说 [M] . 上海：复旦大学出版社，2019.
[55] 金惟纯 . 人生只有一件事 [M] . 北京：中信出版社，2021.
[56] 李松蔚 . 5% 的改变 [M] . 成都：四川文艺出版社，2022.

[57] 史蒂夫·诺特伯格.番茄工作法图解[M].大胖，译.北京：人民邮电出版社，2014.

[58] 史蒂夫·诺特伯格.单核工作法图解[M].大胖，译.北京：人民邮电出版社，2017.

[59] C.R.斯奈德，沙恩·洛佩斯.积极心理学[M].王彦，席居哲，王艳梅，译.北京：人民邮电出版社，2013.

[60] 亚当·斯密.道德情操论[M].蒋自强，译.北京：商务印书馆，1997.

[61] 斯蒂芬·平克.人性中的善良天使[M].安雯，译.北京：中信出版社，2015.

[62] 弗朗斯·德瓦尔.共情时代[M].刘旸，译.长沙：湖南科学技术出版社，2014.

[63] 董国臣.同理心的力量[M].北京：北京联合出版公司，2020.

[64] 麦基卓，黄焕祥.懂得爱：在亲密关系中成长[M].易之新，译.北京：中国法制出版社，2019.

[65] 沃尔特·艾萨克森.史蒂夫·乔布斯传[M].管延圻，魏群，余倩，译.北京：中信出版社，2014.

[66] 许倬云，冯俊文.往里走，安顿自己[M].北京：北京日报出版社，2022.

[67] 维克多·弗兰克.活出生命的意义[M].吕娜，译.北京：华夏出版社，2018.